新説

宇宙生命学

東京大学大学院 教授／アストロバイオロジーセンター長（国立天文台 併任）
田村元秀 監修

アストロバイオロジーセンター 特任専門員（国立天文台 併任）
日下部展彦 著

KANZEN

望遠鏡、観測装置の発展が地球外生命発見に近づく

古来より、人類はさまざまな方法で宇宙を見てきました。位置を測るためや、時には神々の世界を理解するため、観測器具は必要でした。精密な観測のなかで、そこには未知なる世界が広がっていることを知りました。人類が宇宙を読み解くために開発し、第2の地球を探す装置までの変遷を追ってみましょう。

古代～近代

★ アストロラーベ（古代～18世紀）

太陽や恒星、黄道十二宮の出入りや高度などを知るため、天文観測や占星術としても利用された。©Getty Images

★ ガリレオ望遠鏡（1609年）

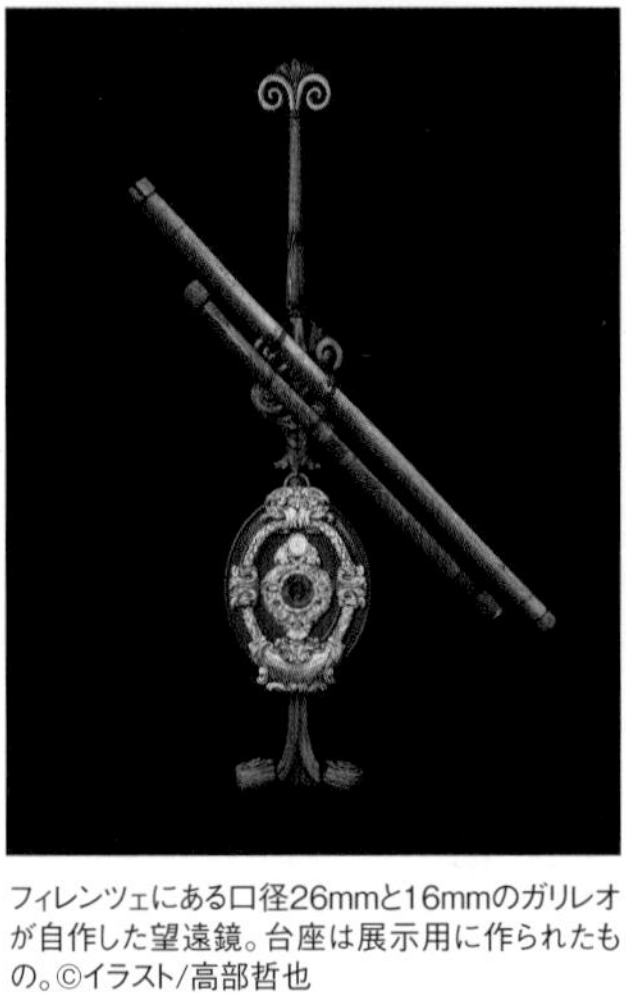

フィレンツェにある口径26mmと16mmのガリレオが自作した望遠鏡。台座は展示用に作られたもの。©イラスト/高部哲也

★ 四分儀（1200年代～）

円の1/4（90度）の扇形で、主に地平線から天体の高度を測るために用いられた道具。現在の星座ではないが、「しぶんぎ座」という星座が昔あり、今でも流星群の名前として親しまれている。出典:ウィキペディア

★ ヤーキス天文台の102cm屈折望遠鏡(1897年)

口径102cmの現存する世界最大の「屈折」望遠鏡。出典:ウィキペディア

★ ハーシェルの焦点距離40フィート望遠鏡(1789年)

ハーシェルがイングランドに建設した焦点距離12m(40フィート)の反射望遠鏡。鏡の直径は120cm。出典:ウィキペディア

★ 六分儀(1730年〜)

天体の高度を60度まで計測する観測装置。船乗りの天測航法や天文観測に用いられた。出典:ウィキペディア

★ 国立天文台65cm屈折望遠鏡(1929年)

日本にある最大の「屈折」望遠鏡。1998年3月に研究観測からは引退し、現在は国立天文台でドームごと歴史館として展示している。この建物は2002年2月に国の登録有形文化財になった。 ©国立天文台

★アレシボ天文台305m電波望遠鏡(1960年代)

プエルトリコのアレシボにある電波天文台。1974年に球状星団M13に向けて地球文明に関する「アレシボメッセージ」を送っている。2020年に劣化のためケーブル等の崩落事故が起き、解体が決定した。出典:ウィキペディア

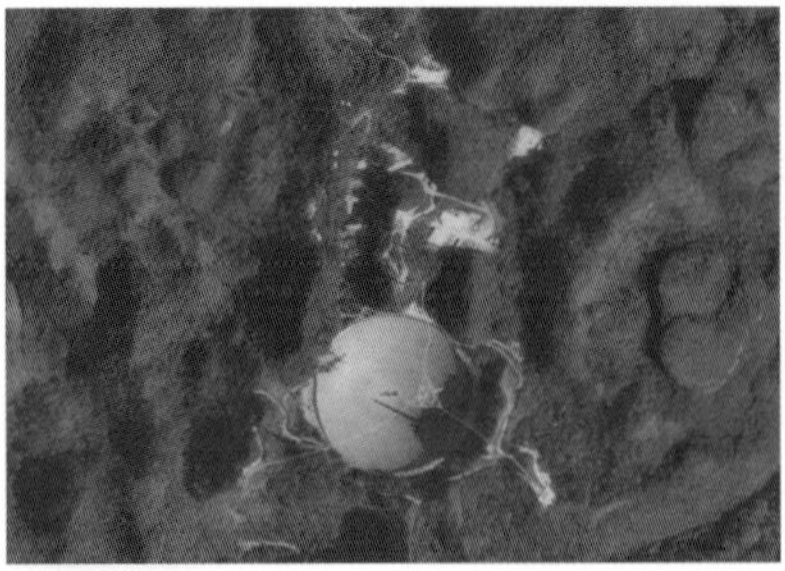

★188cm反射望遠鏡(1960年)

2004年までは国内最大の望遠鏡だった。建設後、半世紀以上経った現在も、太陽系外惑星探査などのための装置を搭載して成果を出している。©国立天文台

★45m電波望遠鏡(1981年)

国立天文台の野辺山宇宙電波観測所にある、波長が数ミリの電波を観測するものとしては世界最大級の電波望遠鏡。日本における多くの電波天文学者を輩出した天文台。©国立天文台

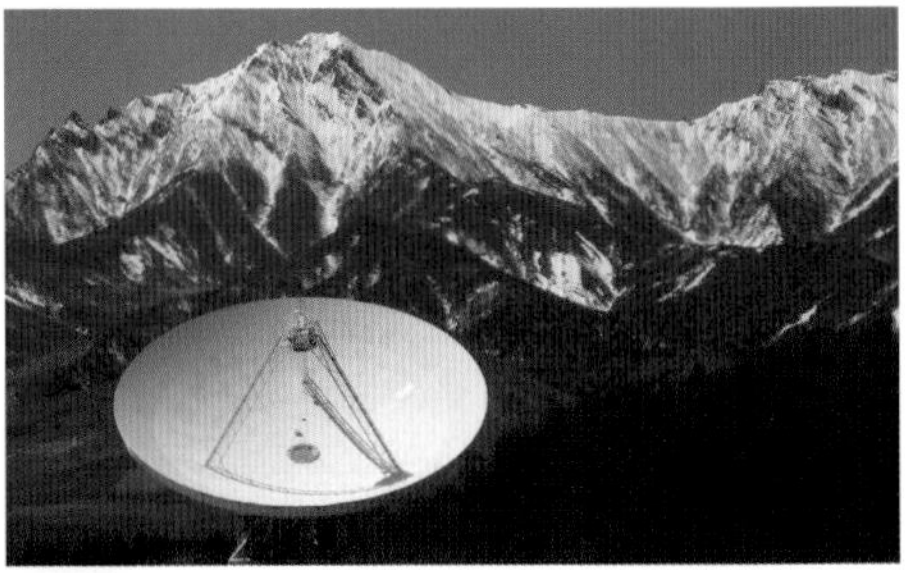

★ハッブル宇宙望遠鏡(1990年)

口径2.4mで地球の周回軌道に乗せられた望遠鏡。これまで何度かスペースシャトルで望遠鏡とドッキングし、望遠鏡の補修や新しい装置をつけるなどすることで、多くの宇宙からの景色を見せてくれた。©NASA

★ ケプラー宇宙望遠鏡（2009年）

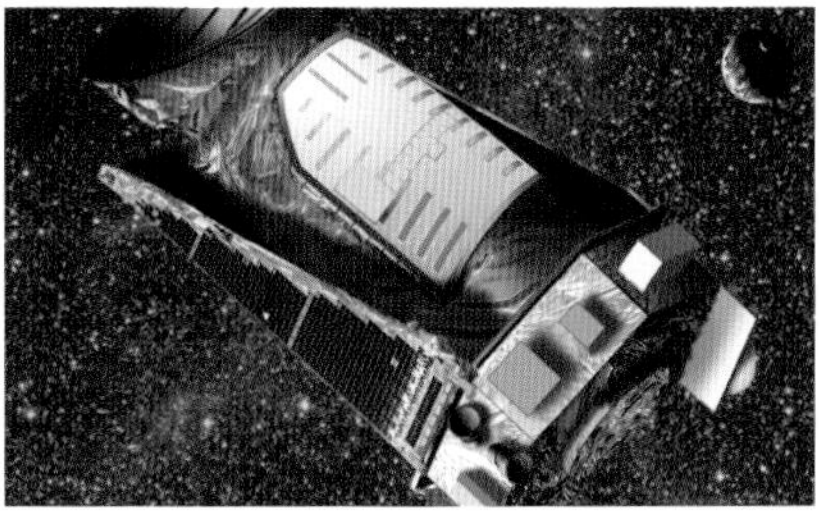

系外惑星探査のための宇宙望遠鏡。特定の領域を数年にわたり観測し、系外惑星の発見数を飛躍的に増加させた。
©NASA/JPL-Caltech/Wendy Stenzel

★ TESS（2018年）

ケプラー宇宙望遠鏡の後継機として打ち上げられた宇宙望遠鏡。系外惑星探査のため、特定の領域だけでなく、全天で系外惑星探査のための観測を行なっている。
©NASA's Goddard Space Flight Center

★ TMT（2020年代後半）

口径30mの国際協力で建設予定の巨大望遠鏡。赤色矮星周りの地球型惑星の直接撮像など期待される。©国立天文台

★ すばる望遠鏡（1999年）

ハワイ島のマウナケア山頂にある口径8.2mの日本の反射望遠鏡。当時世界最大の反射望遠鏡で、木星型の系外惑星の直接撮像も成功し、現在も地球型系外惑星を探す観測をしている。
©国立天文台

現代～未来

★ HabEx（2030年代）

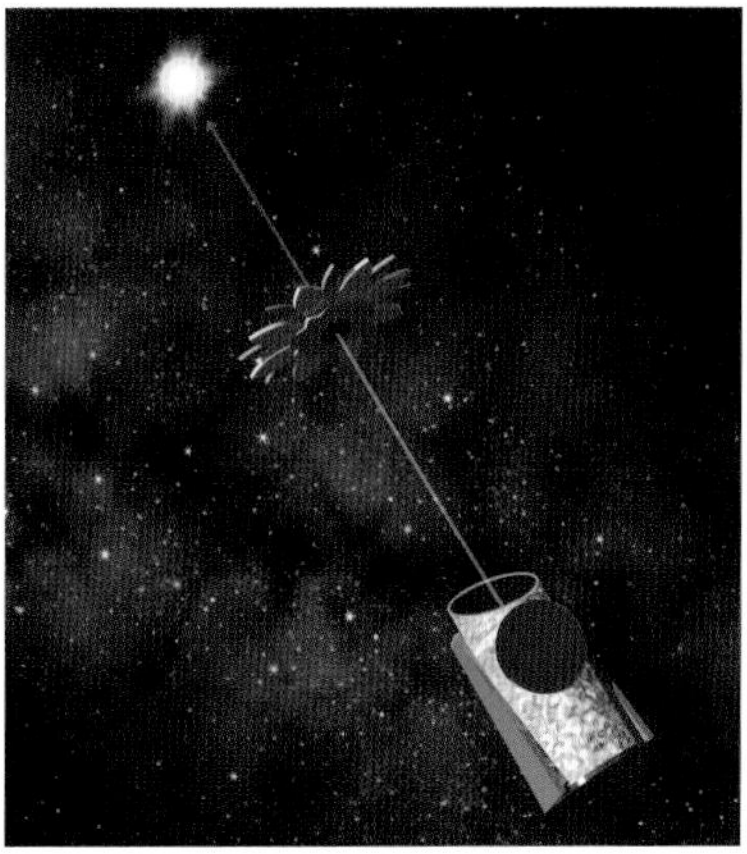

「スターシェイド」を望遠鏡と別々に宇宙空間で制御し、「第2の地球」の直接撮像を目指す。

目次

想像した系外惑星の住人たち

曇らない限りいつも見える夕日と星空とダイナミックな滝は、この惑星の住人にとっても人気の観光ポイントでしょう

安全な海と浜辺があれば、どこの惑星の住人にとっても海水浴場になりますね。太陽と星空に囲まれた海水浴は地球ではできないコラボレーション

第１章

宇宙人像の変遷

人類が最初に想像した異世界の住人──神話

宇宙人はいるの？　という質問に困る大人たち

『宇宙人』この単語を聞いて皆さんはどのようなイメージを持たれるでしょうか。タコみたいな火星人？　それとも全身銀色でちょっと小柄で目が大きめな宇宙人？　もしくは自転車の前カゴに乗れるくらいのサイズで頑張れば自転車ごと空を飛べちゃうような特殊能力をもっている宇宙人でしょうか。それとも、宇宙人なのだから地球の生き物とかけ離れた形？　逆に、なんだかんだと言っても地球の生命と似たような姿形を想像されるでしょうか。いやいや、そんな都市伝説みたいなものはくだらないと一笑に伏してしまうでしょうか。

もしかしたら、ＵＦＯに遭遇した（と少なくとも信じている）方もいらっしゃるかもしれません。個人的には、「ＵＦＯ」は文字通り「未確認飛行物体（Unidentified Flying Object）」なので、確認できない飛行物体は全部「ＵＦＯ」と言っても間違いではないと思います。言葉遊びみたいになりますが、本当に「宇宙人が乗ってきた宇宙船」であると確認できた時点で、「ＵＦＯ」ではなくなるというちょっとヘンな感じになってしまいますね。

さて、今現在、宇宙人を信じている・信じていないにかかわらず、「宇宙生命学」なんてタイトルの本を（たとえ立ち読みでも）手に取っていただいたみなさんは、宇宙における生命というものに多少なりとも興味がある方なのだろうと思います。この本の前を素通りされる多くの方々でも、小さい頃に親御さんや学校の先生に、「宇宙人っているの?」と聞いたことがあったでしょう。その度に、親御さんや先生方は困ったり、趣向を凝らして答えてくれたことと思います。少なくとも、今のところ、「いる」と言っても、「いない」と言っても、どちらかが間違いだと言い切ることはできません。「いる」ことを証明するのは見つけるだけでよいのですが、「いない」ことを証明することは「悪魔の証明」とも言われるものの類で、証明が非常に困難な問題になります。

古来「異なる世界の住人」を想像してきた人々

そのような「いる」とも「いない」とも言えない宇宙人ですが、「宇宙における生命」を科学的に研究する、「アストロバイオロジー」という分野の研究が実際に進められています。この本のタイトルにもなっている「宇宙生命学」という学問は正式にはまだ存在しませんが、「アストロバイオロジー」を直訳した「宇宙生物学」という分野が注目され始めています。私が所属している自然科学研究機構アストロバイオロジーセンターでは、太陽系や太陽系以外の惑星に生命がいる可能性があるかを研究しています。念のために申し上げておくと、宇宙人を捕獲してこっそり研究しているとかではなく、「宇宙に他の生命は存在するのか。その兆候はどのように見つけることができるのか」を科学的に探求するところなので、UFO探しといったことはやっていません。センターでの研究の詳細などは後でご紹介するとして、ここでは、人類が宇宙人を想像するに至った変遷について、遡ってみようと思います。

宇宙人を考えるために、まずは「宇宙」を認識する必要があります。古来より、朝になると太陽が東から昇り、夕方には西に沈み、月が移ろいながら夜を照らし、星々は夜空を彩っていました。多少、北極星が今とは違う星だったり、星の配置が多少違ったりしたかもしれませんが、地球では、昼と夜があり、太陽と月と星があったことは昔から変わりません。一見当たり前のようですが、これとは違う世界も存在します。このことについては後の章でお話ししましょう。

　さて、地球では当たり前の規則的な星の巡り、太陽や月の運行などを見ていた人類はおのおのの場所で様々な思いを巡らせ、天上の世界を想い描き、そこに住む神々などを想像し、地上とは異なる世界があると考えてきました。宇宙がどういったものかを知る術がない時代から、私たちはそこに存在するかもしれないものを想像し、「異なる世界の住人」を思い描いてきました。そして、科学が誕生する前から、人々は世界がどのように誕生してきたのかを考え、神々による世界のはじまりも想像してきました。このように見ると、宇宙人のような、存在するかどうかわからないものについて考えるということと、世界がどのように生まれたかを考えることとは比較的関連の近い事柄で、宇宙人について考えることも人として普通のことなのかもしれません。

国立天文台の敷地内にある宇宙における生命を研究するアストロバイオロジーセンターがある。看板の色は地球を遠くから見たときに期待される"ペイル・ブルー・ドット"色　　写真:著者提供

さまざまな世界の創世記

神話と宇宙との親和性

それでは、人々は、どのような世界を想像し、その世界の住人や物語を紡いできたのか、覗いてみましょう。これを知っておくと科学的な宇宙人の研究も身近に感じるかもしれません。

神話に出てくる神々の名前については、ギリシア名やローマ名、英語名、さらに天体名になっているものもあり、同じものでも読み方やカタカナ表記が異なることがあります。その他の国の神話についても、カタカナに起こした場合、現地の発音とは異なる表記になるかもしれません。正確な表記については神話の本を参照していただくこととして、ここでは比較的浸透していると思われる表記で進めたいと思います。

現地の神話などを見ていくと、それぞれの国や地域、それらの時代背景に応じた世界観があり、その中で神話などが語り継がれ、宇宙観につながっていることが見えてきます。完全に地域性のみで語ることはできないかもしれませんが、ここでは、いくつかの国や地域で語られた世界の始まりについて見てみましょう。

旧約聖書

キリスト教のベースであり、ユダヤ教の聖典でもある旧約聖書の「創世記」における天地創造では、神が7日で世界を作ったとされます。最初にまず神がいて、1日目に天と地を造り、

2日目に空、3日目に大地、海が生まれ、植物を生えさせたとあり、4日目に太陽と月と星が造られます。その後、5日目に魚と鳥、6日目に獣と家畜を造り、神に似せた人を造られたのち、7日目に神はお休みになったとあります。そのために1週間は7日間であり、日曜日は安息日だとか。この世界の始まりの日については諸説ありますが、紀元前数千年前ということだそうです。

神様が描かれる時は大体、人の形と似たように描かれることが多いですが、旧約聖書から考えると、神が自分たちに似せて造ったものが人なので、自然な流れのようです。ともあれ、旧約聖書では、世界が誕生して6日目で最初の人間（アダム）が誕生します。アダムの肋骨から生まれた女性（イヴ）と、彼らがヘビにそそのかされて「食べてはいけない」と言われた知恵の木の実を食べ、裸であることが恥ずかしいと感じ体を葉で隠し、その後エデンの園を追放されるという比較的有名な物語も、この創世記に記されているものです。個人的には、「知識の実」を得ることの功罪を表しているようで含蓄があると思う一方、裸でいるなんて風邪を引くから知識の実なんて食べてからでなくても体は何かで覆ったほうがいいんじゃないかと思うところですが、「エデン」は裸がちょうど良いくらい温暖な楽園ということかもしれませんね。

ギリシア神話

次に、ギリシア神話を覗いてみましょう。星座に関連する話でも有名ですから、プラネタリウムや観望会など、星の話を聞くときに合わせて語られることも多くあります。このギリシア神話にも世界の誕生に関わる部分があります。ギリシア神話の場合、一神教のキリスト教やユダヤ教にあるような「神が世界を作った」というものではなく、まず混沌が生まれ、そこから様々な神々が生まれるという流れになります。伝わり方も、聖書などに収められたものと違い、主に吟遊詩人などによって歌われる叙事詩とい

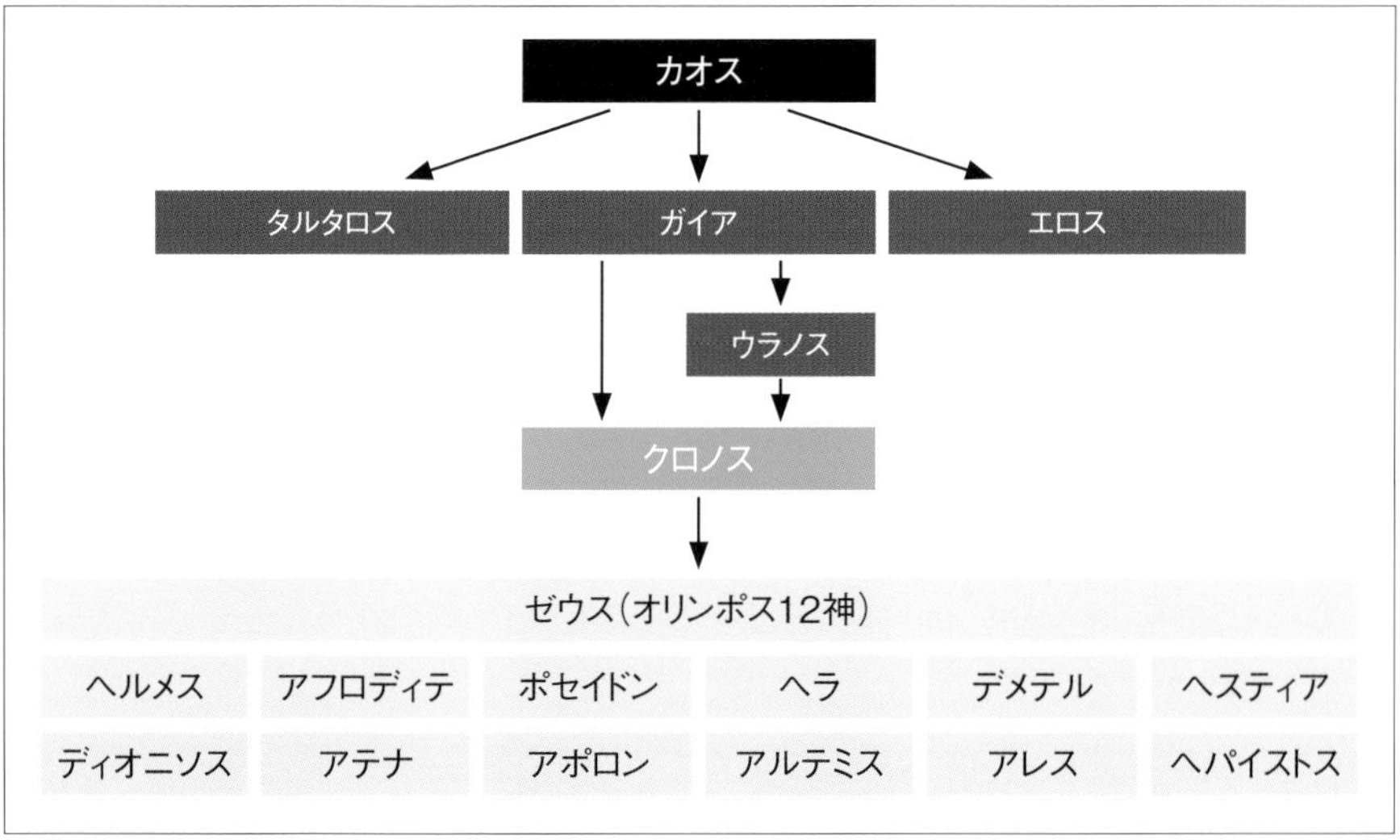

ギリシア神話に登場する神々たち

う形で伝わってきました。文字が誕生する前の時代は口伝で伝わるということはよくあり、日本の「古事記」も最初は口伝でした。

　ギリシア神話では、カオス（混沌）が生じたことで、女神であるガイア（大地）、奈落の底のタルタロス、そしてエロス（愛）と様々な神々が生まれ世界が誕生し作られていきます。そして、ガイアが自分のパートナーとして天空の神として男神であるウラノス（天空）を生みます。ガイアとウラノスの時代、その息子のクロノスの戦い、さらにクロノスとその息子であるゼウスとの戦いと続き、ここで壮大な神々のバトルストーリーが繰り広げられます。この物語は映画や本、ゲームやアニメなど、様々な創作物のモチーフになっているので、名前に聞き覚えのある人も多いかと思います。ゼウスとオリュンポス12神という若い世代の神々がクロノスたち旧世代の神々に勝利したのち、ゼウスを中心とした壮大なラブストーリーへと続き、その神々と人との間に生まれた英雄たちの英雄譚が語り継がれてきました。その中の多くが星座の神話となったり、登場人物が木星の衛星の名前になったり、その1人は「ヨーロッパ」の語源にもなったとされています。

ギリシア神話の中では、最初の人間がどこで誕生したのかについて、あまり明確には書かれていませんが、最初の人間の女性として描かれているのがパンドラです。「パンドラの箱」という単語は聞いたことがある方もいるでしょう。開けてはいけないと言われた箱を開けてしまったため、世界中に様々な災厄が飛び出し、「希望」を残して蓋を閉めた、というお話です。どうやら最初は箱ではなく甕（壺）だったそうですが、生活様式の変化で容器が変わったみたいですね。このパンドラは、鍛冶屋の神でゼウスとヘラの息子であるヘパイストスが泥と水をこねて生命力を吹き込んで作り上げた美女だそうです。

古事記

日本の古い記録としては、「古事記」が有名です。それとよく比較して出されるのが「日本書紀」ですが、「日本書紀」は天皇の命令で作成された、日本最初の「正史」としてまとめられ720年（奈良時代）に編纂されたものです。「古事記」は「日本書紀」より少し前の712年（奈良時代）に完成した日本最古の歴史書です。「日本書紀」とは異なり、天地開闢や天皇に統一される前の物語が多く収められ、日本ができた時の神々の物語から地域の神話や伝承と融合させ、豊かな物語が綴られています。具体的な内容を知らなくとも、「天の岩戸」や「八岐大蛇（ヤマタノオロチ）」「ヤマトタケル」などは聞いたことがある人も多いでしょう。ゲームやアニメでよく出てくる「三種の神器」である八咫鏡（ヤタノカガミ）・雨叢雲剣（アメノムラクモノツルギ）もしくは草薙剣（クサナギノツルギ）、八尺瓊勾玉（ヤサカニノマガタマ）

も古事記で出てくるアイテムです。

古事記にも、天地創造の物語があります。そこでは、神々が誕生する場所として、「高天原（タカマガハラ、タカアマノハラ）」が登場します。その場所で初めに登場するのが「天之御中主神（アメノミナカヌシノカミ）」です。その次に、「高御産巣日神（タカミムスヒノカミ）」、「神産巣日神（カミムスヒノカミ）」が現れ、その後、「宇摩志阿斯訶備比古遅神（ウマシアシカビヒコヂノカミ）」、「天之常立神（アメノトコタチノカミ）」という5柱（「はしら」神を数える単位）が登場します。ここで出てきた5柱をまとめて「別天津神（コトアマツカミ）」と呼びます。とにかく、読みにくい名前がどんどん出てきます。「天之御中主神」については、神社などで祀られていることもあるので、見たことがある人もいるかもしれませんね。

ここまでは男女の区別のない独神（ひとりがみ）で、すぐに隠れてしまいます。その後、2柱の独神と男女5対の神が現れ、ここを「神代

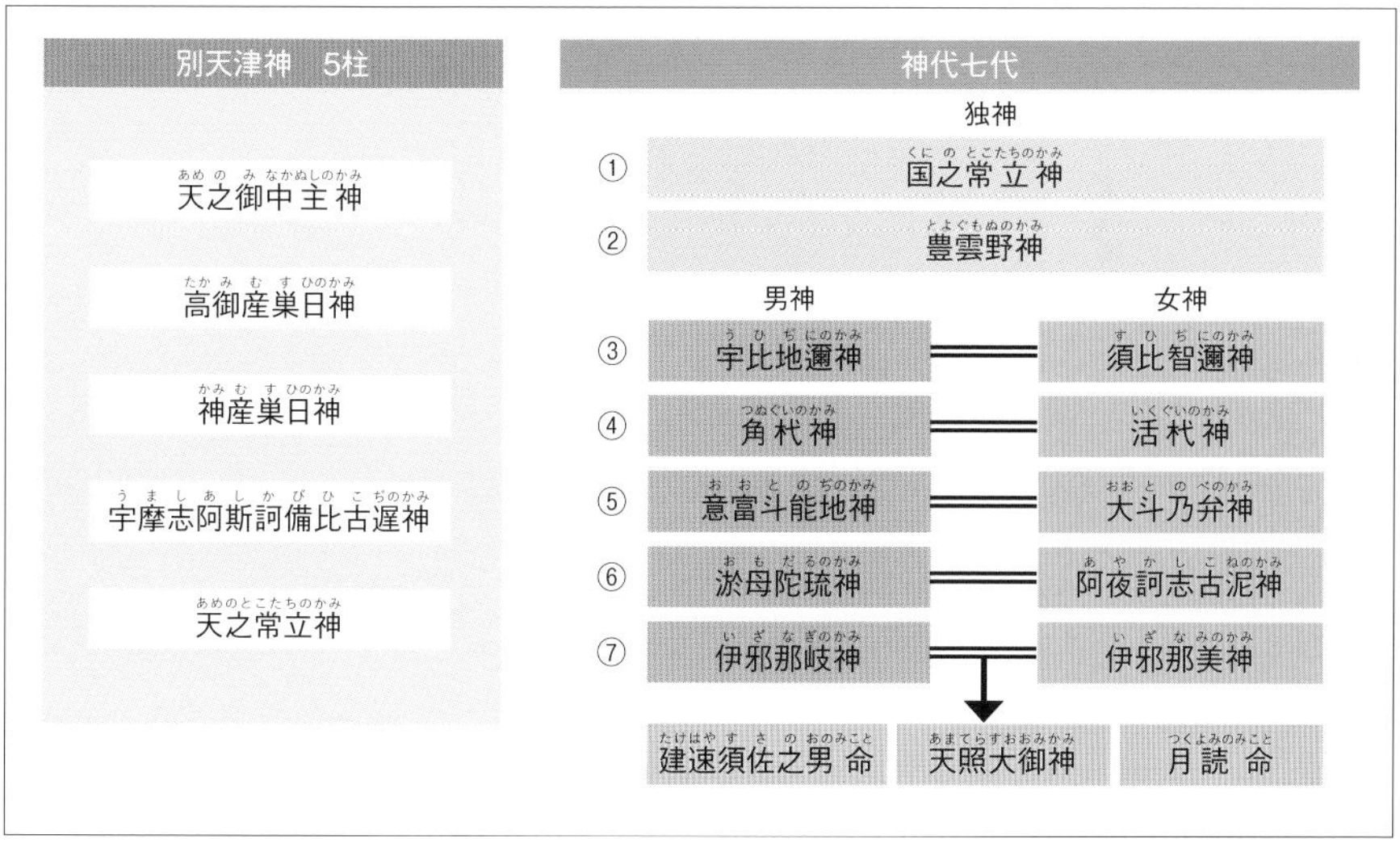

古事記に登場する神々たち

七代（カミヨナナヨ）」と呼びます。「神代七代」の最後に出てくるのが男神「伊邪那岐神（イザナギノカミ）」と女神「伊邪那美神（イザナミノカミ）」です。この2柱が、日本を作った国生みの物語の主役です。この2柱は高天原の神々から、天沼矛（アメノヌボコ）を受け取り、矛を使って大地を作ることを命じられます。伊邪那岐神と伊邪那美神は、海に天沼矛をさしてかき混ぜ、引き上げた時に滴ったものが「淤能碁呂島（オノゴロシマ）」となり、最初にできた島とされています。兵庫県淡路島周辺には、この島ではないかと言われている場所がいくつかあります。この島に降り立った2柱は、その後、多くの日本の島々（北海道と沖縄以外）を誕生させていきました。

その後、この2柱は多くの神々を誕生させ、伊邪那岐神が日本での太陽神として知られる「天照大御神（アマテラスオオミカミ）」を生み、現在も伊勢神宮などで祀られています。この時に、月の神として「月読命（ツクヨミノミコト）」が誕生し、同時に「建速須佐之男命（タケハヤスサノオノミコト）」が誕生します。太陽神である天照大御神にくらべ、月の神である月読命は地味な存在で、誕生したあとは古事記にでてくることがありません。天文学者的な視点でみると、ちょっと残念な気がします。

これら以外にも、バビロニア神話や北欧神話での天地創造、中国における「盤古（バンコ）」による天地開闢、インド最古の書物の一つである「リグ・ヴェーダ」による宇宙の起源など、世界各地で、それぞれの神話や書物に当時の宇宙観に関連した世界の誕生が描かれています。特にインドの神話は日本の仏教にもつながるところがあります。興味がある方は、それぞれの神話について調べてみるのも楽しいと思います。

個性豊かな神々

宇宙観と密接にかかわる神々

それぞれの神話は、軽く触れるだけでも様々な世界観や宇宙観があることがわかります。ただ、全体を見てみると、ある程度、共通点が見えてきます。一神教の神は唯一神なので個性とかはあまりないのですが、ギリシア神話や古事記などで出てくる神々は非常に個性的です。ここでは、ギリシア神話と古事記から、いくつかご紹介したいと思います。

大神ゼウス

ギリシア神話といったらやはり全知全能の神であるゼウスですね。ゼウスのエピソードはツッコミどころ満載といった感じです(ほとんどのエピソードが大人向けにはなりますが)。星座の背景として語られる神話でもゼウスは大活躍です。

夏の夜空には、夏の大三角を構成する3つの1等星(ベガ・デネブ・アルタイル)が光り輝きます。その星それぞれの星座である〝こと座・はくちょう座・わし座〟のうち、白鳥と鷲はゼウスが変化した姿と言われています。白鳥は古代ギリシアのスパルタ王の妻であるレダに恋をした時の姿で、鷲は神々の給仕係にするためにガニュメデスという美少年をさらった時の姿と言われています。このガニュメデスは秋の夜空に浮かぶ、みずがめ座としても見ることができます。「美形なら男女関係ないんかい」とツッコミを入れたくなりますが、まだまだこれからです。ゼウスはヘラ（結婚と出産を司る既婚女性の守護神。怒るとむちゃくちゃ怖い）という奥さんがいながら、浮気を続けます。

冬の夜空に浮かぶ赤い一等星、アルデバランを含むおうし座。この星座の雄牛もゼウスです。古代都市テュロスの美しい姫エウロペに一目惚れしたゼウスが、（奥さんが怖かったのか、既婚を隠したかったのか）美しい白い雄牛へ変身して花を摘んでいたエウロペに近づきます。その雄牛の美しさと従順さに気を許したエウロペはその背にまたがってしまい、その瞬間、白い雄牛はエウロペを連れ去ってしまいます。その後、ゼウスはエウロペを連れてヨーロッパ中を駆け回り、最終的にクレタ島へ辿り着き、本当の姿へ戻り、そこでエウロペは3人の子を産むことになります。ここでエウロペを連れ回った地域をエウロペの名から、「ヨーロッパ」と呼ぶようになったとされています。この時の白い牡牛が現在のおうし座とされています。ちなみに、おうし座から少し離れたところにあるふたご座ですが、この二人（カストルとポルックス）は夏の大三角形でお話ししたレダとゼウスの子どもになります。

ここまでくると、「春の星座は？」と思いますよね。春にはゼウスが変身したという星座はないですが、春の時期に一番見やすいおおぐま座は、恋多きゼウスの犠牲者の一人のカリストです。カリストはとても美しい妖精でした。ゼウスはカリストが仕えていた女神アルテミス（狩猟・貞潔の女神、月の女神とも）に姿を変え、警戒心の強いカリストに近づき、カリストとの間にアルカスという息子をもうけます。それに怒ったヘラがカリストを熊に変えてしまいます（このあたりはいくつかのバージョンがあります）。その後、立派な狩人に成長したアルカスは、森で熊の姿のカリストと偶然出会い、アルカスは思わず母親を射殺してしまいそうになります。それをゼウスが哀れみ、カリストが殺さ

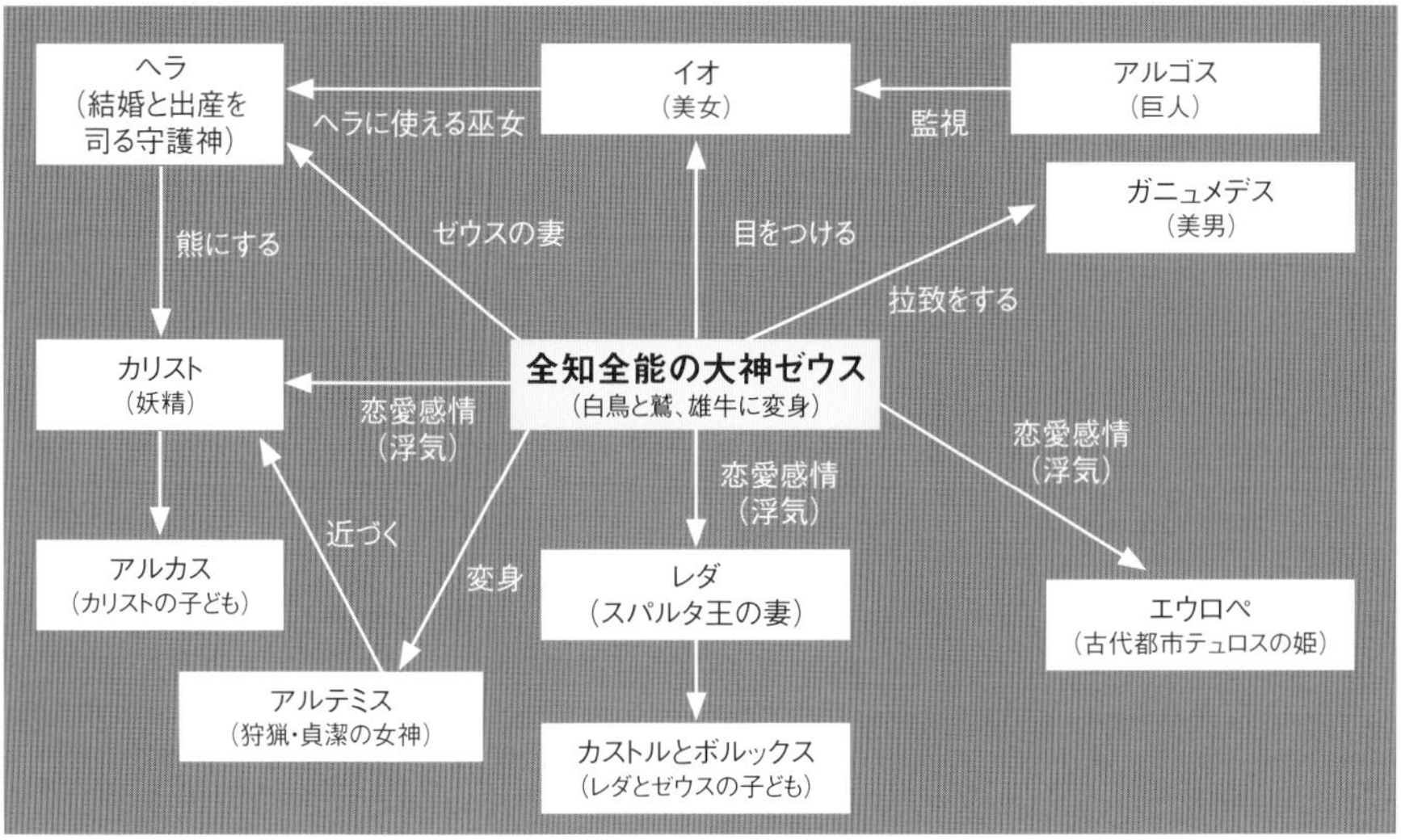

ゼウスの恋愛模様

れる前にアルカスを子熊の姿に変え、空に上げておおぐま座とこぐま座にしました。おおぐま座とこぐま座の尻尾が、普通の熊と比べて長いのは、ゼウスが空にあげる時に尻尾を掴んで投げたからだとか、そんな話も語られることがあります。「なんでアルカスまで熊にした」とか「やっぱりゼウスが一番悪い」と思わずにはいられませんよね。

　ゼウス関連で紹介する最後の一人は、ヘラに仕える巫女でもあったイオという美女です。ゼウスに目をつけられて密通していたところ、ヘラに見つかり詰め寄られます。ゼウスはイオを美しい雌牛に変え、雌牛を愛でていただけだと言い張ります。そんな嘘もヘラには見抜かれ、雌牛となったイオはヘラに連れて行かれ、オリーブの木に繋がれ、アルゴスという100の目を持つ巨人に監視されてしまいます。その後、なんとか救い出されたものの、様々な場所を逃げ回り、イオが渡った地中海は「イオニア海」と呼ばれるようになり、エジプトまで至りやっと元の姿に戻れたと語られています。

さて、ここまで出てきた登場人物のうち、イオ・エウロペ・ガニュメデス・カリストは天体の名前にも使われています。ローマ神話でゼウスと同一視されているユピテルですが、英語読みだと「ジュピター」となり、木星の読み方になります。木星にはガリレオ衛星として、「イオ」「エウロパ」「ガニメデ」「カリスト」の4つのメジャーな衛星があり、ゼウスに気に入られた代表のような形で、今でもゼウスに寄り添う形で名前が残っています。彼女(彼)等がそれで幸せなのかは……文字通り神のみぞ知るところでしょう。

天照大神と天の岩戸

男神である伊邪那岐神(イザナギノカミ)が天照大御神(アマテラスオオミカミ)と月読命(ツクヨミノミコト)、須佐之男命(スサノオノミコト)という神を生んだことについては先ほどご紹介しました。伊邪那岐神はこの3柱のうち、姉である天照大御神に太陽神として地上を支配するよう命じ、月読命には月神となって夜の世界を支配するよう命じました。須佐之男命には、海を支配するよう命じましたが、須佐之男命は母神である伊邪那美神が黄泉の国に行ってしまったことを悲しんで泣き続けてしまい、言うことを全く聞きません。さらに須佐之男命は神々の場所を荒らし回り、姉である太陽神天照大御神も手が付けられない状態でした。そのうちに、須佐之男命は天照大御神の機織小屋の屋根を壊して馬の皮を投げ入れ、慌てた織女の一人が機織りの杼(機織の糸を通す道具)が刺さり死んでしまう事件が起きました。このことに怒り悲しんだ天照大御神は、高天原(タカマガハラ)の天の岩戸と呼ばれる洞穴に閉じこもり、重い岩で洞穴の入り口を塞いでしまいました。太陽神が隠れたため、世界は深い闇に閉ざされ、あらゆる災害が世界を飲み込みました。なんとしても天照大御神に出てきてもらうため、八百万神(ヤオヨロズノカミ・全ての神という意味）の神々は天安河原（アマノヤスカワラ）に集まって知恵を絞りました。そして、知恵を絞りだした神々は岩戸の前に大きな鏡を置き、盛大な宴を催すことにしました。宴では、女神「天宇受売（アメノウズメノミコト）」が陽気に踊り、神々は拍手喝采し囃し立てました。太陽神である自分がいなくなったのになぜ外が楽しそうなのかと気になった天照大御神は、少しだけ岩戸を開き、なぜ楽しそうに騒いでいるのかと尋ねました。天宇受売は「あなたより気高い神がおいでになったので、みなで祝っています」と答え、気になった天照大御神が岩戸から少し出てみると、光り輝く神が見えます。それは、鏡に映った自分の姿でした。その時、手力男神（タヂカラオノカミ）が岩戸を押し開き、天照大御神を岩戸の外に連れ出し、世界は再び光で満たされることになりました。

これは有名なお話ですが、太陽神がお隠れになるというエピソードは日食と関係があるのではないかと言われます。まさに、毎日あるはずの太陽が隠れるという「日食」は当時の人にとっては神がかり的な現象で、畏れの対象だったのでしょう。この天の岩戸伝説は今でも様々な形でその伝承を見ることができます。八百万神が集った天安河原と言われる場所が、宮崎県の高千穂町にあります。ここで行われている夜神楽は天宇受売命の踊りが始まりとされています。ここに限らず、他にもこの伝説に関わる伝承が残っている場所もあります。そのほか、須佐之男命が高天原に行くときのエピソードや天の岩戸事件の後に追いだされるエピソード、須佐之男命の八岐大蛇（ヤマタノオロチ）退治など、様々な神々のお話があります。気になった人は、読みやすい古事記の解説本も多くあるので、一度読んでみると楽しいと思います。

意外と知らない？日本の星物語

さまざまな文化から形成されていった物語

星の物語として有名なのは、先ほども紹介したギリシア神話です。ローマ帝国が世界で隆盛を極め、ヨーロッパの諸国を制圧し、それぞれの国の文化を取り込んでいく過程で、ゼウスがすごい浮気性のような神様になってしまいましたが、それも各地に残るそれぞれの伝説と融合していった一つの結果です。もちろん、アジア諸国、南アメリカやアフリカにも、独自の文化があり、星の物語があります。日本にも日本独自のものがあります。日本の歴史は、大陸の歴史と比べると浅く、大陸の影響を受けたものもありますが、そのいくつかをここではご紹介しましょう。

「七夕さまと瓜畑」

『あるとき、若い猟師が森へ狩りに出かけました。すると、木々に囲まれた美しい湖から、歓声とパシャパシャ水が跳ねる音が聞こえてきました。猟師が足音を立てないようにそっと湖に近づいてみると、美しい少女たちが水浴びをしています。さらに近づいたとたん、少女たちは猟師に気づき、驚きあわてて天の羽衣をまとうと、白い鳥に姿を変えて飛び去ってしまいました。猟師は、とっさに羽衣を一枚すばやく隠しました。羽衣をなくした少女は、逃げることができず、一人取り残されてしまいました。その少女は、実は、天帝の末娘の織姫（おりひめ）でした。』（「アジアの星物語」海部宣男（監修）、国際編集委員会（編集）他より引用）

ここで羽衣を隠した猟師が彦星です。その後、（なぜか）二人は結ばれ、二人の子どもに恵まれました。ある日、織姫は猟師が出かけている時に、屋根裏に隠した羽衣を見つけます。どうしても両親に会いたくなった織姫は、手紙を残し、夫と二人の子どもを置いて天に帰ってしまいました。帰った後、何が起きたかすぐ察した猟師は子どもをつれて天へ織姫を迎えに行きます。しかし、帰るのを妨害した猟師を恨んでいた天帝と后は、猟師と子どもを待ち受け、天の畑から大きな瓜を取り、猟師に渡して食べるよう勧めました。その瓜を切った途端、中から大量の水が溢れ出し、織姫から猟師と子ども達を引き離し、広い川となってしまいました。子どもたちは、小さな柄杓で川の水を汲み出し、一生懸命織姫の元へ行こうとしました。その姿に感動した天帝は年に一度、7月7日の夜に織姫と会うことを許しました。

七夕の代表的な物語といえば、「織姫と彦星」です。ここでご紹介したのはその一つのお話で、織姫はこと座のベガ、子どもが使っていた柄杓がいるか座にあたる星の並びで、猟師の彦星はわし座のアルタイルに対応し、その両脇にある小さな星が子どもたちを示しています。

織姫と彦星の物語で、別のバージョンのものを聞いたことがある人もいるかもしれません。また、昔話などをよく知っている方は、「羽衣伝説」との共通点に気付いたかもしれません。

このお話の原型は、奈良時代に中国から伝わったと言われ、それと日本の羽衣伝説とが融合したものが、ここでご紹介したものです。また、日本に伝わった時は月を主に基準とした旧暦（太陽太陰暦）を使っていたので、現在の暦（太陽暦）でいうと、大体毎年8月のどこかで、晴れた日が多い時期です。織姫と彦星は梅雨で毎年会えないと思われがちですが、実は毎年会うことができているのかもしれません。国立天文台でも、毎年「伝統的七夕」としてキャンペーンをやっているので、興味のある人は旧暦の七夕の日に織姫と彦星を眺めてみるのはいかがでしょうか。

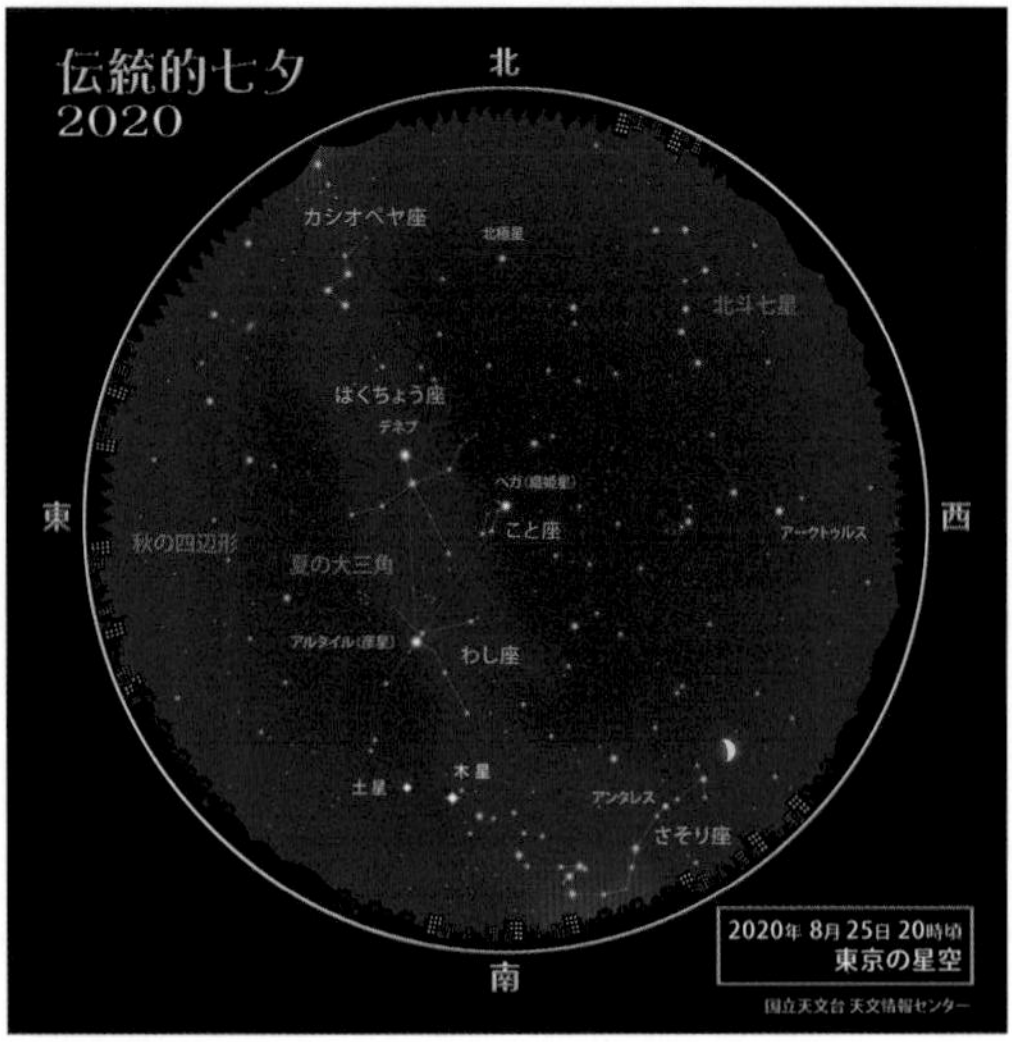

伝統的七夕
©国立天文台

「子の星さまは動いてなさる」

もう一つ、私が個人的に好きな日本の伝承が北極星にまつわるものです。30年以上前に読んだ星座の伝説をまとめた本に書かれていて、出典が曖昧なのですが、記憶をたよりにお話のトピックだけご紹介します。日本の伝承として書いてあるお話でした。

北極星は、昔は子の星（「ねのほし」十二支で言う北にある星の意味）と呼ばれ、常に北にあって動かない星と言われていました。江戸時代、とある夫婦がおりました。ある晩、奥さんが針仕事で遅くなった時に、窓越しに見える北極星が、数時間後に移動しているように見えました。翌日、それを旦那さんに伝えたところ、「子の星さまが動いている？　そんなバチあたりなことを言ってはいかん」と叱られてしまいます。それでも納得がいかない奥さんは、別の夜、格子のついた窓のあるトイレに座り込み、眠くならないよう冷たい水を入れた桶を用意し、寝そうになったら水に足をつけ目を覚まし、北極星をじっと見張っていました。そして、数時間後、格子に対して確かに動いていることを確認し、「子の星さまは動いてなさる」と確信しました。

というお話です。そんなに長時間、人間がじっとしていられるのかとか、北極星は今でこそ本当の北の位置である「天の北極」から角度にして1度弱しか離れていませんが、江戸時代は地球の地軸の向きが今とはずれているため、当時は北極星の動きを見極めやすかったのではないかなど、いろいろと言われることもあるお話です。

私がこのお話を気に入っているのは、普段何気なく見ているもののちょっとした異変に気づき、それを話してもバチあたりと叱られ、それでもなおできるだけ科学的に検証しようと地味で辛い作業にも耐えて、真実にたどり着いたという点が、まさに科学者と同じだと思ったからかもしれません。「バチあたり」と言われたことについては、初めてこの物語を読んだときは、昔の人は北極星を大事にしていたんだなぁと思った程度でしたが、調べてみると、江戸時代、特に関東では北極星を信仰する「妙見信仰」が武家の間で流行していました。ですから、まさに「不動の神が動くなんて罰当たりな」という人もいたんでしょうね。

このお話のバリエーションとしては、大阪の腕利きの船乗りである徳蔵さんのお話もあります。方角の道標として北極星を使っていた船乗りにとって、北極星が動くというのは大変なことかもしれませんね。

こちらのお話は、七夕のお話を紹介した「アジアの星物語」に収録されています。七夕のベトナムバージョンなど、ギリシア神話では見ないアジア独自のお話が集められていますので、興味のある方はそちらもご参照ください。

日本における天文学の発展

古来の日本は星の動きで世の中を動かしていた

これまでご紹介してきたように、天の岩戸伝説で表現されたであろう日食を始め、星の動きは日本の中でも重要なもののようでした。中国から奈良時代に七夕のお話とともに伝わってきた星祭「乞巧奠（きこうでん）」は、本来は女性たちが機織りや縫物の上達を願うもので、初めは宮中の年中行事として伝わりました。奈良時代の歌集「万葉集」には、七夕の恋物語が多く残っています。一方で、歌に詠まれる七夕は恋物語をテーマにしたものばかりで、当時、純粋に星を詠むといった和歌はほとんどないようです。中国からの北極星を天帝とする星宿の考え方や、星の動きを天の動きと捉え、地上の政（まつりごと。政治の意）の反映や、政のための占星術といった考え方が伝わっていたので、当時の人たちの中には、星は敬いや畏れの対象であったため、一般人がおいそれと歌にして良いものではなかったようです（もちろん、最近は違いますが）。

清少納言の枕草子の一説には「ほしはすばる　ひこぼし　ゆうづつ・・・」とあり、まさにすばる（昴：プレアデス星団）、彦星（アルタイル）、金星と詠っています。意外かもしれませんが、当時、星の美しさなどにまつわる歌はほぼこれくらいです。学校の国語の授業で枕草子を習ったときは、なんか雅な感じで星が綺麗だと詠っているのかと思っていましたが、どうやら「星はやっぱりすばるよねっ！　彦星も素敵だけど、金星もすっごい綺麗！」のような、ちょっとミーハーというか、日記というか、砕けた感じの解釈の方がぴったりのようです。ちなみに、「すばる」はあまり日本語らしく聞こえないかもしれませんが、集まっている状態を示す「統べる」「統まる」から「すばる」となりました。他の地方では、「群れ星」「群れぶし」「むりかぶし」なんて名前も付いています。「ゆうづつ」は夕づつ、宵の明星のことで金星を示しています。「つつ」はそのまま「筒」の意味として、星は天界と下界をつないでいる穴だという考え方もあります。確かに、明るい惑星は他の恒星と違い、望遠鏡で見ると面積体として見えます。そのため、空気中のチリの影響を受けにくく、ほとんど瞬かないため、天に開いた穴のように見えたのかもしれませんね。「ひこぼし」はもちろん七夕の「彦星」（アルタイル）です。明るさでいうと織姫（ベガ）の方が明るいのですが、織姫ではなく彦星といったのは、毎年必ず会いにきてもらえる織姫に清少納言は嫉妬したのかもしれませんね。実際は、アルタイルとベガの間は光の速さで行っても14年以上かかるので、年に一回会いに行くとか不可能ですが、そんな野暮なことを言ってはいけません。

日本で初めて「天体観測」をした江戸時代

話を戻すと、日本では中国からきた暦をもとに、カレンダーを作ったり、政（まつりごと）を行ったりしてきました。そのため、「暦」というものは政治的にも重要なものでした。江戸時代になると、渋川春海の改暦の功績により、江戸幕府によって天体運行や暦の研究機関である「天文方」が設置されます。現在で言うところの「国立天文台」のような立ち位置ですが、その本務は星や天体の研究ではなく、「暦」の研究です。当時用いられていたのは、「太陽太陰暦」と呼ばれる暦法でした。新月を1日として1月を29日から30日として12回繰り返す太陰暦では1年が354日になり、太陽の運行を基準にすると11日もずれてしまうため「閏月（うるうづき）」を入れて1年を13ヶ月とすることで、暦と季節のズレを補正する方法でした。正確な暦、それに付随する日食の予測などは、政治にもかかわる大事な仕事だったため、暦についての研究は国が主導するものとして進められました。現在使用している太陽暦でも、2月29日がある「閏年」や、ほんの少しだけ修正する「閏秒」などがあります。

暦がとても重要視されていた一方で、太陽にほくろ（黒点）があるとか、金星が満ち欠けするとか、土星にリングがあるとかということは、日本ではあまり注目されていなかったようです。これについての記録があるのは19世紀末になってからです。江戸時代に国友一貫斎という人が作ったグレゴリー式反射望遠鏡が日本で最初の反射望遠鏡だと言われています。国友一貫斎は、江戸時代の腕利きの鉄砲鍛冶屋でした。一貫斎は、江戸で海外からきた反射望遠鏡を見る機会があり、それをもとに作成したと言われています。もともと鉄砲鍛冶だったので、筒を作るのは得意だったのかもしれません。星の位置を測って暦を作ることはもっと前から行われていましたが、望遠鏡を使った「天体観測」により、太陽の黒点を長期に渡って記録したり、月や土星、木星の衛星や金星のスケッチなどを残したり、日本の天文学者としての先駆けの一人でもありました。この望遠鏡はのちに、天保の大飢饉の時に疲弊した住人のために大名家等に売却されたといわれ、現在では彦根博物館など、4基が残っているそうです。

ガリレオが太陽観測をしたのは1600年代初頭ですが、それから200年後の約1800年代前半、日本でもやっと太陽観測ができるようになりました。ただし、その記録や望遠鏡作成の技術が公に引き継がれたということもなかったようです。

神の世界から星の世界に

さまざまな宇宙観を持ち合わせていた古代人

さて、ガリレオが出てきたところで話題を西洋に戻してみましょう。ガリレオは「地動説」で有名な方でもあります。太陽系の中心には太陽があり、その周りに地球を含む惑星が公転しているという、今では常識となっている考え方も、ここに至るまでに様々な紆余曲折がありました。いくつかの創世記や神話については、ここまでいくつかお話してきた通りですが、それらは当時の宇宙観と密接に繋がっています。

遥かな古代、私たちは「週」や「月」、「年」といった概念はありませんでした。太陽や月の周期性を読み解き、「暦」を決めるためには、高度な観測が必要になります。正確な暦は人々の生産活動に影響があるため、日本をはじめ世界中で権力に結びつくこともありました。

前述した「太陽太陰暦」も、毎日変化する「月」と季節の周期性と太陽による季節をハイブリッドしたもので、古代バビロニア、ギリシア、中国などでも広く使われていました。一方、太陽を基準とする太陽暦は、古代エジプトで作られたものです。「週」の考え方は古代バビロニア由来で、守護星として考えられた太陽・月・火星・水星・木星・金星・土星がそれぞれの日を支配するという考え方から、曜日が生まれ、天界が地上に影響を及ぼすという考え方も生まれました。いつの時代も、何かしらの病や飢え、苦難や厄災は人々に降りかかるものですが、古代の人々は、それを天の動きから神々のサインを読み解くことで苦難から逃れようとしました。そのため、天体については古代から様々な要素を含んだ角度から観測がされていました。その結果、周期的に動く恒星の動きから天球をイメージし、それらの間を「惑う」星、「惑星」は天界からのサインとして捉えていました。

　国家のためにそれを占う「占星術」は重要な仕事でした。天体の動きを合理的に解釈するため、様々な宇宙観が考えられてきました。古代エジプトでは天空の女神ヌトが大気の神シューに支えられ、人が住む大地はゲブという神とされていました。太陽神と月の神は天空のナイルを船で渡ることで太陽と月の動きを解釈していました。

　一方、古代バビロニアでは、もう少し現実的（?）に、天の地平線の山々が大洋の向こうにあり、人々が住む大地は大洋に囲まれているという世界観を持っていました。天井の部分は球

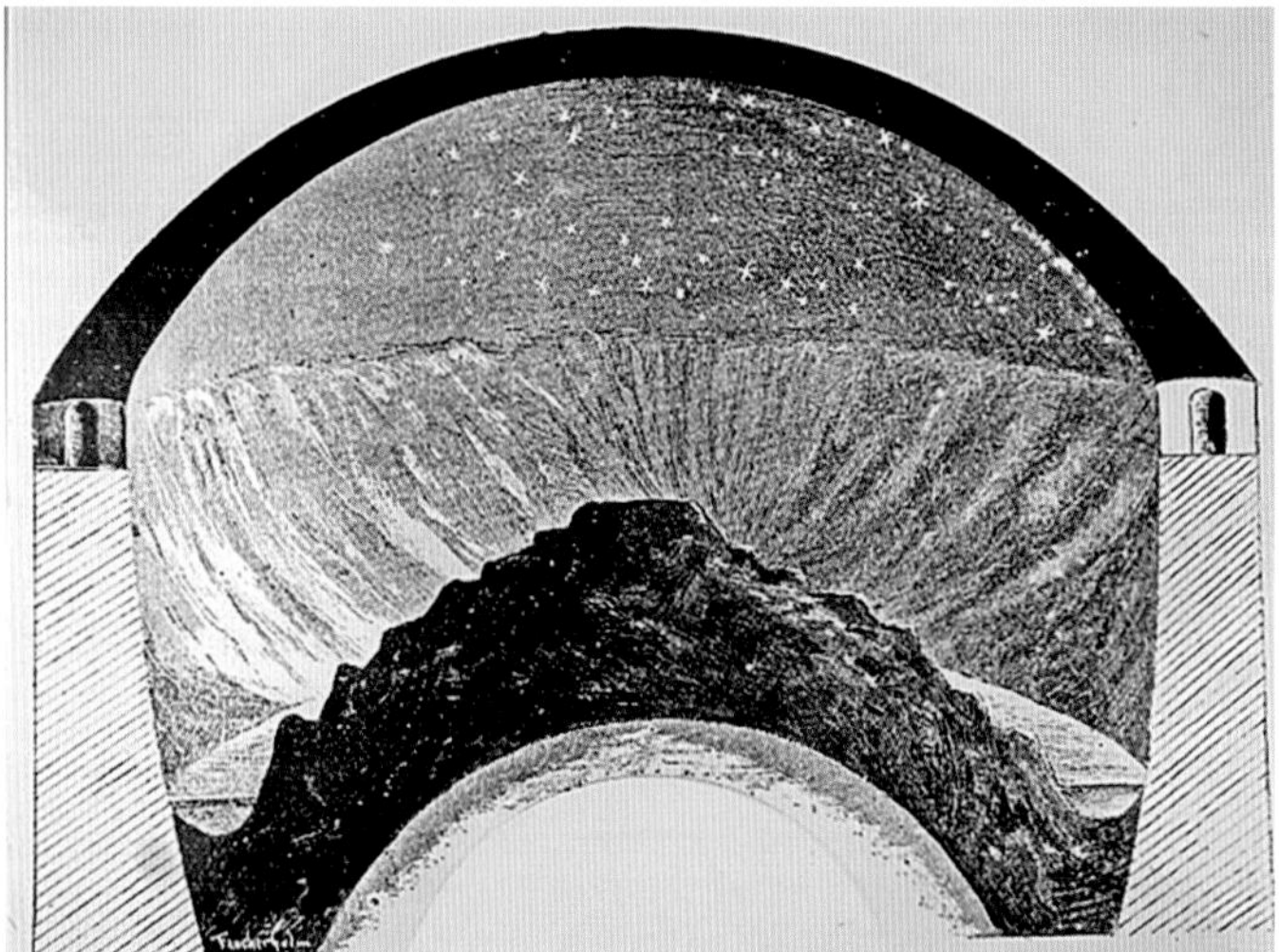

古代バビロニアの宇宙観

体で、東と西にそれぞれ穴が開いており、そこを太陽と月が出入りすることで昼と夜が繰り返されるものと考えられていました。

神々の世界から科学の世界へ……

このような古代バビロニアの知的財産はギリシアに受け継がれていくことになります。最初の哲学者と言われるタレス（紀元前624年頃～紀元前546年頃）は「万物は水から成る」と世界を説明していました。また、アリスタルコス（紀元前310年頃～紀元前230年頃）は半月を利用して、太陽までの距離を算出し太陽が地球より大きいことを見出しました。さらに、宇宙の中心は地球ではなく、太陽が中心という考え方を最初に唱えましたが、当時の人々は地球が中心という考え方が常識だったため、全く受け入れられないものでした。これは、コペルニクス（1473年～1543年）が地動説を唱える約2000年前になります。

ギリシアにおいては、プトレマイオス（83年頃～168年頃）の著書「アルマゲスト」をもって、地球が中心という考え方である「天動説」が完成します。この時にはすでに、地球が球であることは分かっていましたが、地球が宇宙の中心に位置するという考えが定着しています。地球に対して、天上の世界は球形で、球として動くと考えられました。そして、月や惑星の観測から、プトレマイオスは地球に近い順に、月、水星、金星、太陽、火星、木星、土星、恒星と順序立てました。

当時からも、火星、木星、土星が逆行するという現象は知られていましたが、それはそれぞれの軌道にさらに「周転円」を導入することにより、動きを説明していました。当時は、円が理想型とされ、天は理想的な構造をしていると信じられていたため、円を組み合わせた天動説が広く受け入れられたようです。

16世紀になって、やっとコペルニクスが太陽中心の「地動説」を唱え、現代の天文学に近づいていきます。ただし、当時はまだ精度が悪く、それまでの天動説の方が惑星の運行をうまく予想できていました。その後、ガリレオ(1564年~1642年)が地動説を支持し宗教裁判にかけられることになります。最終的に地動説は、ニュートン(1642年~1727年)の登場によって確立します。

その前の1619年にはケプラーが、惑星の運動が楕円軌道であることを発見し、プラトン(紀元前427年頃~紀元前347年頃)以来信じられていた「真円」の観念を覆すことになりました。

ニュートンの大事な功績の一つが万有引力の法則の発見です。「りんごが落ちるところを見て万有引力を思いついた」という逸話が有名ではあります。どうやらこの話自体は説明のための作り話ということらしいのですが、エピソードの真偽はともかく、重要なのは、昔から知られていた「リンゴは落ちる」という現象について、りんごと地球、地球と月、太陽と地球との間に働く「万有引力」という共通の力ということを発見した点です。このことで、それまで完全に天上の世界と地上の世界という分離されていた世界について、一つの力学で統一することができるようになりました。このようにして、神の神々の世界として記述されていた世界が、神のつくった完璧な世界の証明や神の啓司を読み解くための精密な観測の結果、宇宙は神々の世界から科学の世界へと移り変わることとなりました。そのため、ニュートン力学は当初、思想的な反発も受けますが、18世紀後半には科学の世界に根付く考え方になります。

ちなみに、「宇宙」という単語。これはもちろん中国から来た漢字なのですが、「宇」は「天地上下左右」として空間を示し、「宙」は「往古来今」で時間を意味しています。現在の天文学では、宇宙は三次元の空間と時間を含めた四次元時空とされています。そういう意味では、古代中国の人も、宇宙を現代科学と近い捉え方をしていたのかもしれませんね。

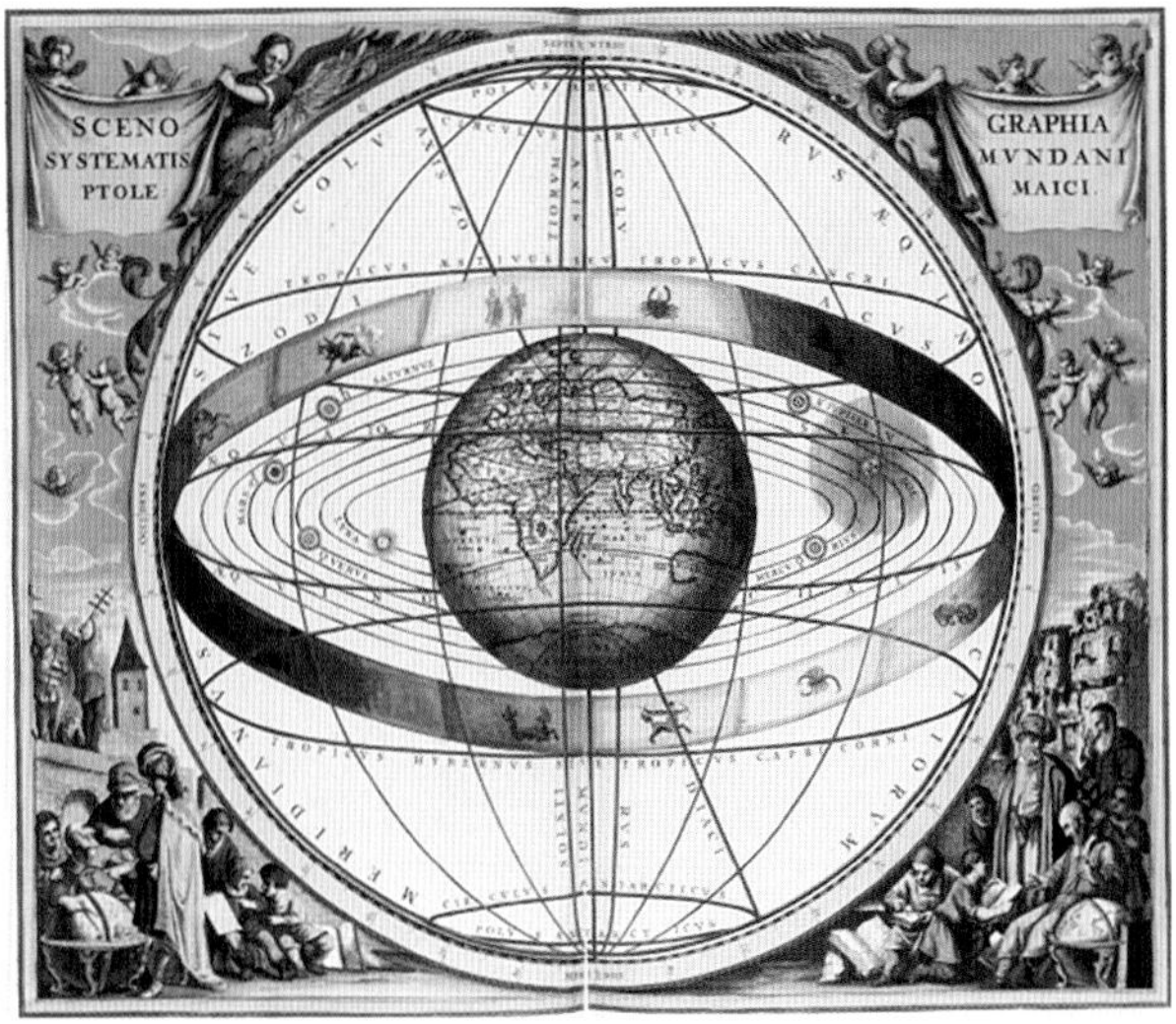

天動説にもとづく天球図
Getty Images

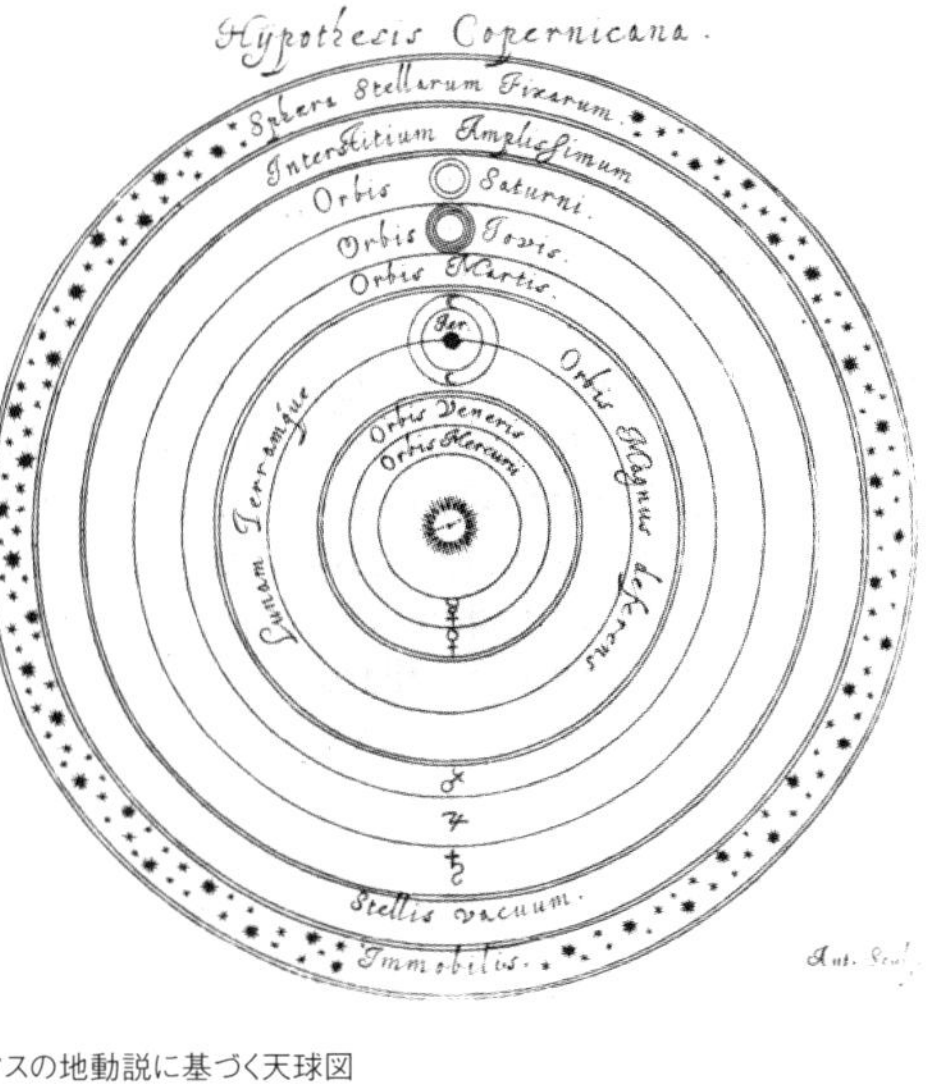

コペルニクスの地動説に基づく天球図
Getty Images

なぜそうなった。火星人。
～映画に描かれる多様な宇宙人たち～

火星隕石で発見した微生物の化石疑惑

　このようにして、神々の世界は科学の対象になりましたが、想像する対象が神々なのか、異世界の住人なのか、宇宙人なのかという違いはあるものの、見たこともない生き物を想像することはあまり変わっていないのかもしれません。むしろ、科学的に物事を考えられるようになって、「それらしい姿」を想像しやすくなったかもしれません。「雷を司るゼウスの武器はやはり雷」とか、「海を司るポセイドンの武器は海で使える三叉（さんさ）の矛」みたいなイメージ先行ではなく、「頭がいいなら脳が大きいかも」「重力が小さければ体は華奢でもいい」というような、科学的事実をベースにした想像ができるようになりした。

　さて、それではみなさんは、「火星人」と聞いてどんな姿を想像しますか？　なんとなく頭がでっかくて、そこから手足が複数伸びている、タコみたいな宇宙人を思わず想像しませんか？　このタイプの宇宙人はイギリスのSF作家のH・G・ウェルズが1897年に発表し、後に大ヒットとなる「宇宙戦争」に出てくる火星人がモデルです。

　この形状も、火星から攻めてくるくらいなので、高い知性をもっているため頭脳が異様に発達している一方、火星は地球より重力が小さいため、四肢が退化し細くなっています。このように、一応理由らしいものがあって宇宙人の姿を想像しています。ちなみに、火星の重力は地球の1／10程度で、火星表面の気圧は地球の1％未満です。そんな環境に適応した体で地球にきたら、まず立ち上がることすら不可能だと思います。

火星に関する生命存在の研究は現在でも行われています。古くはイタリアの天文学者スキアパレッリが1877年の火星の大接近の際に、望遠鏡で火星を観測していた時、火星全体に線状の模様を発見し、イタリア語で「溝」を意味する「Canali（カナーリ）」として発表したことに始まります。この模様は、とても自然に造られたように見えないことから、人工の「運河」だと考えられるようになりました。しかし、この話にはちょっとした紛らわしい誤訳誤解があったと言われています。イタリア語の「Canali（カナーリ）」をフランスの天文学者フラマリオンがフランス語に翻訳した際、「i」を見落としたのか人工の「運河」を意味する「Canal（カナル）」と書いてしまい、それが英訳された時に同じ単語である「Canal（カナル）」として「運河」というものが定着してしまいました。人工物があるのであれば火星人もいるはずだという考えに多くの人々が掻き立てられました。その中で、アメリカの大富豪であるローウェルが1980年代に私財を投じて火星の運河を観測するための天文台まで設立しました。その後、10年以上も観測を行い、火星の本を執筆して詳細な運河（？）のスケッチを公表していきました。この本を読んだウェルズが「宇宙戦争」を出版し、火星人のイメージが定着することになります。しかし、20世紀後半に火星探査機による直接探査が多くなされ、それらは「運河」ではなく、自然の地形であることが分かっています。同様のもので、火星の地表にある人面岩なども火星人の遺跡だとかいう話題もありましたが、自然地形と影の具合で偶然そのように見えたものでした。そもそも人間の認知の特徴として、「顔」を認識することは重要なため、点が逆三角形に配置されているのを見ると、それだけで目と口に対応させ「顔」を認識する「シミュラクラ現象」というものがあります。「顔のように見える」ものがあれば、まず疑ってみた方が安心かもですね。

一つだけ、今でも結論が出ていないものに、「火星隕石に含まれた微生物の化石のようなもの」があります。なんらかの原因で火星から飛び出したものが地球にたどり着くことがあり、その隕石に含まれているガス成分から、それが火星から届いたものだとわかっています。１９９６年、火星からの隕石〝ＡＬＨ８４００１〟に微生物の化石を発見したとＮＡＳＡが発表しました。その化石は非常に小さく（１μｍ以下）、そこに含まれる有機物も構造も、自然に形成されることもあるため、これが生命の痕跡かどうかについて、明確な結論は出ていません。

どうやら火星に生命がいた場合でも、タコみたいな形ではなく、微生物がぎりぎりいるかどうか、といった状況です。ちなみにそういった惑星の過酷な環境や探査の状況を知ってしまうと、「宇宙人」を想像して絵を描こうとしてもミミズみたいな微生物しか描けなくなってしまうのが辛い（?）ところです。

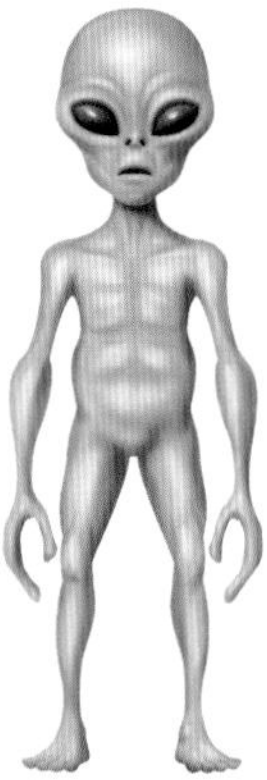

グレイ型宇宙人

想像上の火星人?

新しい研究とともに発展していった宇宙人像

もう一つ代表的な宇宙人は「グレイ」と呼ばれるタイプの宇宙人ですね。いろいろな雑誌やＴＶ番組、円盤型のＵＦＯに乗ってくるのは大体こんな感じのイメージです。真偽のほどはともかくとして、「高度な文明を持っているはずだから頭が大きい」ということと、「体はあまり重要じゃないので小柄」という点は火星人の想像図と共通するところがあります。これについてはこの点くらいしか説明しようがないのですが、こういう姿を見ると無条件で「宇宙人」という気がしてしまいますね。「地底人」でも、「UMA（Unidentified Mysterious Animal）」でも、「未来からのタイムトラベラー」でも、「異世界からの転生者」でもなく、「宇宙人」と思ってしまいます。少なくとも、そのくらいの分からなさ、というものが宇宙人についての認識の現状だと思います。むしろ、「ぼく、宇宙人なんです」と自己申告してくれるちょっと風変わりな人の方が、本当の「宇宙人」かもしれませんね。実際、地球人といっても、宇宙の中における生命の一つと考えれば、誰も彼もが「宇宙人」と自称しても全く問題ありません。

それ以外にも、様々な宇宙人が映画やSFの中に描かれます。「スターウォーズ」の中で、主人公の出身である惑星タトゥイーンでは太陽が2つある砂漠の惑星があり、そこでの文明が描かれています。その他にもアニメや小説などには様々な惑星が登場し、その環境に適応する進化をした多くの生き物が描かれています。

今のところ、ある程度の惑星の環境は想像することができますが、そこに生きる生物を直接見ることはできません。宇宙における生命を考えるアストロバイオロジーという研究分野でも、直接宇宙人の姿を研究することはありません。まずは、生命を育むことができる惑星なのか、それはどういう環境なのか、何を見つければ「生命がいる」と言えるのかというところから研究を進めています。そのために、天文学だけでなく、生物学の研究者と一緒に、宇宙における生命の研究をしています。研究者ほど、簡単に「宇宙人の姿」を想像しにくくなるのですが、この研究の成果から、また新しい「宇宙人像」というものがでてくるかもしれませんね。

子どもたちに、宇宙人を描いてもらったら

研究者は、他の星の厳しい環境や、生命の複雑さを知っているが故に、「宇宙人の姿」を想像しづらいということをお話ししました。それでは、子どもに聞いてみたらどういう宇宙人を描くのでしょう。子どもの自由な発想ではどういう「宇宙人」がでてくるのか、何度かワークショップを行ってみました。

ワークショップでは、太陽系外惑星をモチーフにして、灼熱の惑星、地球のような温暖な惑星、氷の惑星を紹介し、どういった環境で、どういう生物がいるか自由に書いてみるというものです。ワークショップによっては、地球より重力が強い惑星や弱い惑星、木星のようなガス惑星といった選択肢も用意した状態で、どんな特徴がある宇宙人がいるかということを自由に書いてもらったこともあります。このコラムの最後にそのイラストのいくつかをご紹介します。

印象的だったのは、タコのような宇宙人やグレイのような宇宙人を単純に描く子は思ったほど多くないというところでした。一方で、最近流行りのアニメやキャラクター寄りの宇宙人はしばしばみられました。

それ以外には、いろいろ惑星の環境を考えた上で、オリジナルの宇宙人にどういう個性をつけていくかというところを一生懸命考えてくれた子も多く、個性的な宇宙人が多く描かれていました。個性的な宇宙人について、いくつかご紹介したあと次の章からは科学的にどういう風にアストロバイオロジーの研究が進んでいるかについて、説明していきたいと思います。

ファンタジー（?）系。「ハート星」だからハート型。同系統で星型のキャラクターもあります

火星人型の派生。水の惑星というとやはりタコは外せないようですね

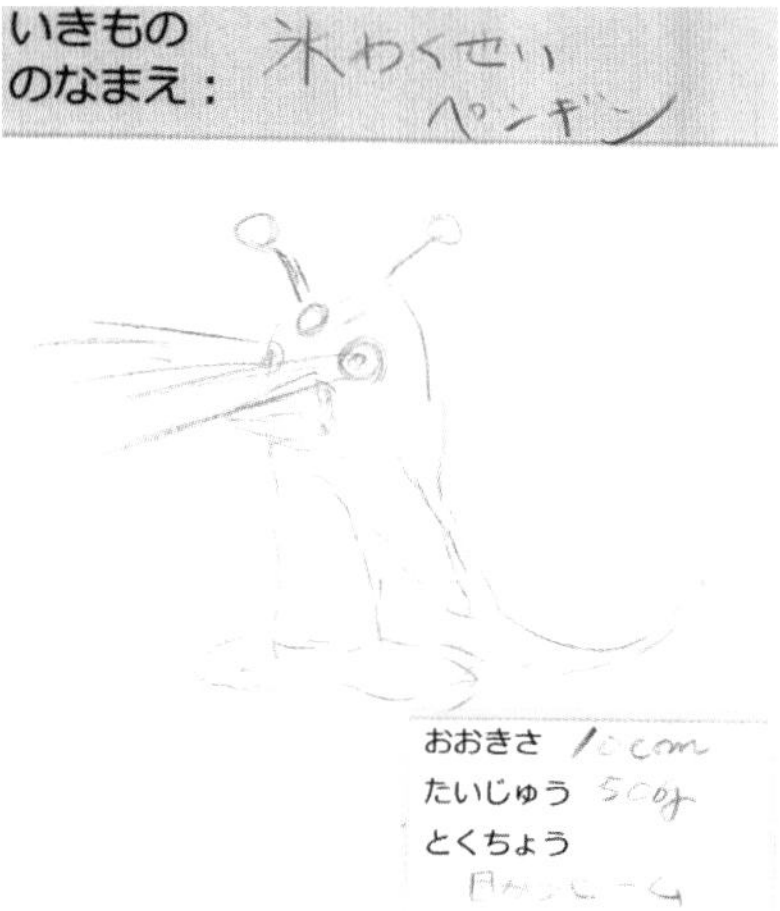

氷の惑星ならやはりペンギンは外せないのでしょう。でも触覚が寒そう

火星人型宇宙人に近いです。タコやクラゲは宇宙人を連想しやすいのかもしれません

いきもの
のなまえ：ガスピード

おおきさ 1000、00
たいじゅう D00Q0
とくちょう がすの中にすんでる。

ガス惑星を想定した浮遊する生物。浮遊するために大きくても軽いらしいです

いきもの
のなまえ：うみぼうず

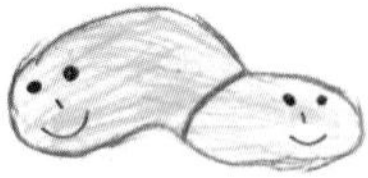

おおきさ スライムのようにどろどろなのでうごく
たいじゅう めっちゃかるい
とくちょう 友だちとくっついて生きることができる

宇宙人でも地球の生命と同様、共生関係を持った生態系という点では意外と現実的

いきもの
のなまえ：どせいくん

おおきさ 100cm
たいじゅう 10kg
とくちょう
どせいがすき

擬人化系。好きな惑星をキャラにしちゃったようですね。土星への愛を感じます

いきもの
のなまえ：みどりかんむりちょう

おおきさ 20
たいじゅう 5
とくちょう みどりのかんま!!

鳥系の生命。「みどりのかんむり」が特徴ということは、ここで光合成でもするのかな？

第2章

地球における生命の誕生

生命の定義と宇宙人

科学で生命の定義を考える

第1章で紹介してきたように、人類は様々な世界観の中で、「そこに存在するかもしれない、神々を含む生命のようなもの」について想像を膨らませてきました。ここから少しずつ、科学的に物事を考えるために条件をつけていきましょう。

まずは、あくまで象徴としての存在であったり、不死であったり、そもそも生命を生み出したとも言われる神々については、ここでは除外して考えることとします（神々の存在そのものを否定するということではなく、「神」＝「宇宙人」というのを除外するためです）。

では次に、「生命」とはなんでしょうか。ここでも少し曖昧さを回避するために、職人堅気で「彼は自分の仕事にいのちをかけている……」というものや、聖書などにでてくる「信じるものは永遠のいのちを……」といったものなど、精神的な、もしくは宗教的な「いのち」についても言及しないことにします。あくまで生命活動をしていそうな「生物」を対象として考えていきます。

これまではわかりやすい前提ではあるのですが、このあとは少し混み入った話になります。

まず、人や動物、植物などは生命と言ってよいのはわかりやすいでしょう。冬虫夏草などは動物か植物か一見よくわからないですが、分類上は菌類となり、これも生物です。菌類を含む微生物と呼ばれるものはだいたい生物ではありますが、微生物に含まれるウイルスは一般的には細胞をもたず、自己複製を行わないため「非生物」とされることが多いようです。ただ、遺伝情報・遺伝暗号を使っているので、「非細胞性生物」として生物に入れようという研究者もいます。このように、研究者の中でも意見が割れている点でもあり、これは「生命の定義」に関わる問題でもあります。

では、地球における生命（生物）の定義とはどういうものなのでしょうか。実は、世界的に共通で、「生命の定義」として完全に固まっているものはありません。ここでは、日本で比較的認識されている条件について、主に次の4つをご紹介します。

（1）自己と外界が境界によって区切られる。
（2）代謝を行っている。
（3）自己を複製する。
（4）ダーウィン進化をする。

それぞれについて、少し細かくみてみましょう。

（1）「自己と外界が境界によって区切られる」

ヒトや動物で言えば皮膚みたいなイメージですが、もっと細かいスケールでみると、単細胞であれ多細胞であれ、地球上の全ての生物は細胞で構成されています（ウイルスを除く）。少なくとも体の中の大事な器官を外に垂れ流さないための境界が必要です。地球上でも危険を覚えると内臓を吐き出して逃げるナマコのような生物もいますが、彼らもきちんとした皮膚（境界）を持っています（内臓は再生するんだそうです。すごい）。一方で、この点を考慮すると、SFで出てくるような、自己と他者の境界を持たず、思考だけをする雲のような存在は、生命と判断することができません。

（2）「代謝を行っている」

わかりやすい例としては「怪我をしたら治

る」ということですが、難しく言うと「エネルギーを消費して細胞構造を維持する」ということになります。細胞の中では、様々な構成要素が外界から得たエネルギーを用い、分解したり合成したりする複雑な系を持っています。最近は、少しヒビが入っても自己修復する「インテリジェンス・マテリアル」と呼ばれる素材が研究・開発されていますが、これらは素材そのものを自己増殖しないので生物ではありません。

（3）「自己を複製する」

子孫を残すということです。単細胞生物であれば細胞分裂するので分かりやすいですが、有性生殖する生物であれば、ほとんどの種は単体では増えることは不可能です。オスまたはメスのウサギを一羽だけおいても生命ではなくなってしまうとか、そんな議論が生物学者の間で真面目に議論されたこともあるそうです。確かに、「火星に1人取り残された地球人は生物ではない」ということになると困りますね。そのため、ここでは「種として子孫を残すことができる」ということになります。ウイルスは感染して異様に増殖するといったイメージがありますが、ウイルスだけでは自己複製ができません。

（4）「ダーウィン進化をする」

NASAで1994年に用いられたジョイスによる生命の定義ですが、ざっくり言えば、生物が環境に適応したり、競争が起きたりすることで自然淘汰され、適応したものが生存して進化するというものです。進化には、必ずしも機能が増える一方ではなく、不要な機能がなくなる、いわゆる「退化」も一つの進化の形です。生物は自己複製の際の遺伝物質として、DNAを用いて情報を受け継ぎ、進化の重要な役割を果たしています。ウイルスの場合、前述の3つがなくとも、DNAもしくはRNAを持っています。

ここまでをまとめると、地球における生命の定義はきちんと定義することは難しいものの、「自己と外界を区別でき、代謝をして、環境に適応する情報とともに子孫を残せるもの」とすると、地球上における生物を大体フォローできそうな気がしてきます。ただし、これら以外にもいくつか別の定義の仕方もあり、まだ確定した「生命の定義」はありません。もし将来、他の惑星などで生命を見つけることができ、それを科学的に解釈することができれば、地球の生命に限らず、真にユニバーサルな「生命の定義」に近づくことができるでしょう。まだ地球でも議論の余地がありそうな定義ではありますが、ひとまずここからスタートすることとしましょう。

アップデートされていく生命の定義

科学的に生物としての「宇宙人」を考える上で、これらは大きな指針になります。例えば、「実体を持たない精神体」のようなものは自己を区別する境界をもたないので生物として判断できず、宇宙人としては除外して考えることになります。「謎の発光物体」みたいなものも、「なんか光ってる」だけの情報では（そういったものがあったとしても）、幽霊や妖怪といった怪異の類との区別がつかないので、ここでは除外して考えることとします。

もちろん、生命の定義というものがもっと別のところにあり、全く想像もできない「生命」を持っている宇宙人が存在する可能性はゼロではありません。ただし、科学的に「宇宙における生命」を考えるということは、「これまで人類が築き上げてきた科学的根拠に基づいて考える」ということになります。科学の世界では、これを「巨人の肩に乗る」という表現をすることがあります。研究して知識が広がるほど、その先の可能性がさらに増えていきます。「生命の定義」についても、地球上の極限環境における生命が発見されるたび、生命の可能性が広がっています。その延長線上に、「宇宙における生命」につながるヒントがあると信じています。

宇宙における生命の材料

科学で見る宇宙の成り立ち

さて、前の章では神話などで語られる世界の創生についてのお話をいくつか紹介しました。それでは、現在の科学では、宇宙はどのように始まり、私たちの体を構成している分子や原子、それら生命の材料がどのようにして誕生したのか、全体像をざっと見てみましょう。

ヒトの体は半分以上（大人で約60％程度）が水と言われていますが、水は酸素と水素で構成されています。これらを含め、ヒトを構成している元素は、酸素（O）が約65％、炭素（C）が約18.5％、水素（H）が約9.5％、窒素（N）が約1％。さらにカルシウム（Ca）、リン（P）、カリウム（K）、硫黄（S）、塩素（Cl）、ナトリウム（Na）、マグネシウム（Mg）という元素がそれぞれ1％以下で存在しています。この他、さらに微量ではあるものの、鉄（Fe）やフッ素（F）、ケイ素（Si）、亜鉛（Zn）などが必須元素として存在しています。

これらの元素のほとんどは、星の中で合成されたものです。ただ、水素だけは、宇宙の誕生のときにビッグバンで誕生したものです。現在の宇宙論では、宇宙は約138億年前に誕生したと言われていますが、その中で星が元素を作り、それがあらゆるものの材料となっています。

鉄より軽い元素たちが星の中で形成される

次に元素について説明します。最初は鉄より小さい原子番号の元素についてです。これらの元素が星の中で合成されたと最初に説明しましたが、そもそも星（太陽のように自ら光っている恒星）は宇宙の中でガスが集まって誕生します。このガスの主成分は、宇宙誕生初期からあった水素です。このガスが大量に集まり、自分の重力で中心部（コア）が核融合反応を起こすことで、星が誕生します。水素原子核は陽子が一つだけですが、星のコアで水素の核融合が起きると、陽子と陽子が結合し、ヘリウム（Ｈｅ）になります。この反応が水素燃焼と呼ばれ、その時のコアの温度は約１０００万度にもなります。この反応のときに生じるエネルギーが、星が光るエネルギー源となります。天文学者が「自分で燃えている星が『恒星』です」と説明すると、「宇宙は真空のはずなのになんで星が燃えるの？」と質問されることがよくあります。地上で見る炎が立つような激しい酸化反応ではなく、星の中で核融合を起こすことを天文学者はよく「燃える」と表現します。

星のコアでは水素からヘリウムになる核融合反応が進み、その後に中心部で水素がなくなり、さらに温度が上がるとヘリウムが核融合反応を起こし、炭素（Ｃ）や酸素（Ｏ）を合成していきます。この間も、ヘリウムコアの表面では、まだ水素が残っていて、層構造になっていきます。その後、核融合が進み、Ｃ＋Ｏコア、そしてシリケイト（Ｓｉ）コア、鉄（Ｆｅ）コアといったたまねぎ構造ができます（図・星のたまねぎ構造）。このとき、コアの温度は50億度以上にも達しています。鉄からは、これ以上、核エネルギーを取り出すことはできないため、星の中で起きる元素合成はここまでです。このように恒星内部で起こる変化を「恒星進化」と呼ぶことがありますが、生物学で用いられる「進化」とはことなり世代を超えた変化ではありません。

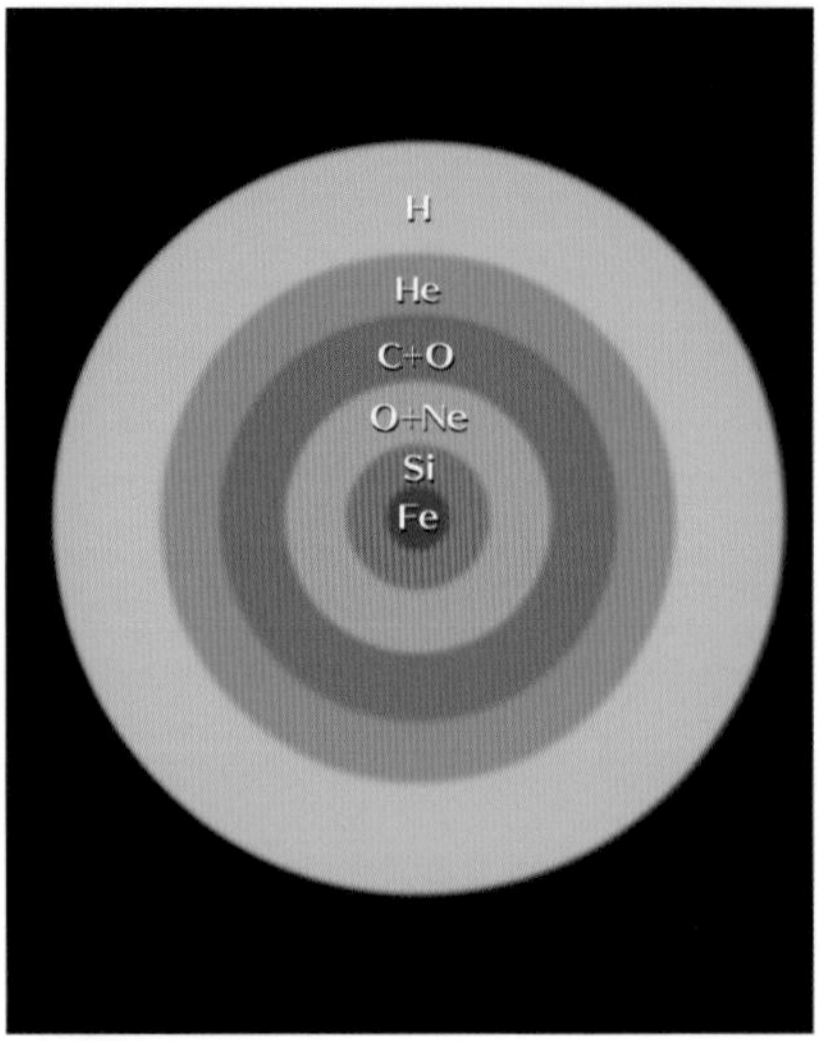

星のたまねぎ構造

私たちの体は星屑でできている

鉄までは星の中で合成されますが、私たちの体には、亜鉛（Ｚｎ）など、もっと重たい元素も必須元素として含まれています。さらに天然に存在する元素は、メダルに使われる金・銀・銅など、92種類あります。その中で鉄の重さは26番目です。これより重たい元素は超新星爆発という星の大爆発の瞬間に合成されます。細かい物理過程はこの本の内容と合わないので詳細は割愛するとして、定性的には、次のような感じです。まず、星にも一生（誕生と終焉）があります。ガスが集まって星が生まれ、その集めたガスの質量で星の一生が大体決まります。太陽の重さ（約２×10の30乗ｋｇ）の10倍程度より重い星は、その最後に重力崩壊を起こし大爆発を起こします。その瞬間、鉄より重い元素が誕生し、宇宙空間に撒き散らされます。その後、コア部分は中性子星やブラックホールなどになります。中性子星とは、文字通り中性子でできている天体であり、太陽と同じくらいの質量が、半径が約10ｋｍ程度の空間に押し込められたような天体です。そのため、密度が極めて高く、角砂糖１個の重さが10億トン、表面での重力が地球の１０００億倍になり、体重50ｋｇの人が体重５兆ｋｇになってしまうという想像を絶する環境です。太陽の20倍程度までであれば、中心に中性子星が残りますが、さらに重い星の場合、中心にブラックホールが残ります。

ブラックホールと言うと、「なんでも吸い込む黒い穴」というイメージがあるかもしれませんが、これも星の一生の最後に迎える姿の一つで、ちゃんとした天体です。よく言われる表現では、地球の重力を振り切るためには秒速11・2kmの速度が必要です。重力が強くなれば、その分、重力を振り切るための速度が必要になり、ブラックホールは秒速30万kmという光の速さでも脱出できない強い重力を持っている天体です。この光速でも脱出できない境界をブラックホールの表面として「事象の地平線」と言います。「ブラックホールを見たい」という人も多いかもしれませんが、基本的に光が出てこれないので、「見る」ということはできません。

そのような中、2019年、世界各地の電波望遠鏡の力を合わせたイベント・ホライズン・テレスコープにより、ブラックホールの姿をとらえたという報告がされました。もちろん直接ブラックホールの表面となる事象の地平線からの光を捉えたというわけではなく、ギリギリまで近づいた光が曲げられて地球に到達して得られた「ブラックホールシャドウ」です。大きさは事象の地平線の約2.5倍の大きさを持っています。質量は太陽の65億倍もあるため、通常の恒星由来のブラックホールではない巨大ブラックホールでした。

もし恒星由来の比較的小さなブラックホールに人が落ちた場合、足元と頭で重力がかなり異なるため、細長く引き延ばされてバラバラになってしまうかもしれません。ブラックホールを通って別の宇宙に……というSFは多いですが、そのためにはバラバラになった体を移動先で再構築する技術が必要になるので、あまりおすすめしません。ブラックホールも面白いテーマなので、一般向けの本がたくさんありますので、興味がある方はそちらもご参照ください。ここでは、鉄より重い元素が誕生する現場の1つとして、ご紹介しました。

このように、宇宙空間の中で、星の中で元素が合成され、超新星爆発で宇宙空間に放出され、それがまた次の世代の星の材料となり、その輪廻をいくつか繰り返したのち、私たちの材料にもなります。私たちの体は、まさにたくさんの星屑でできていると言えるのです。それでは、星の材料の大部分を占める水素はいつ誕生したのでしょうか。それには、さらに宇宙の歴史を遡る必要があります。

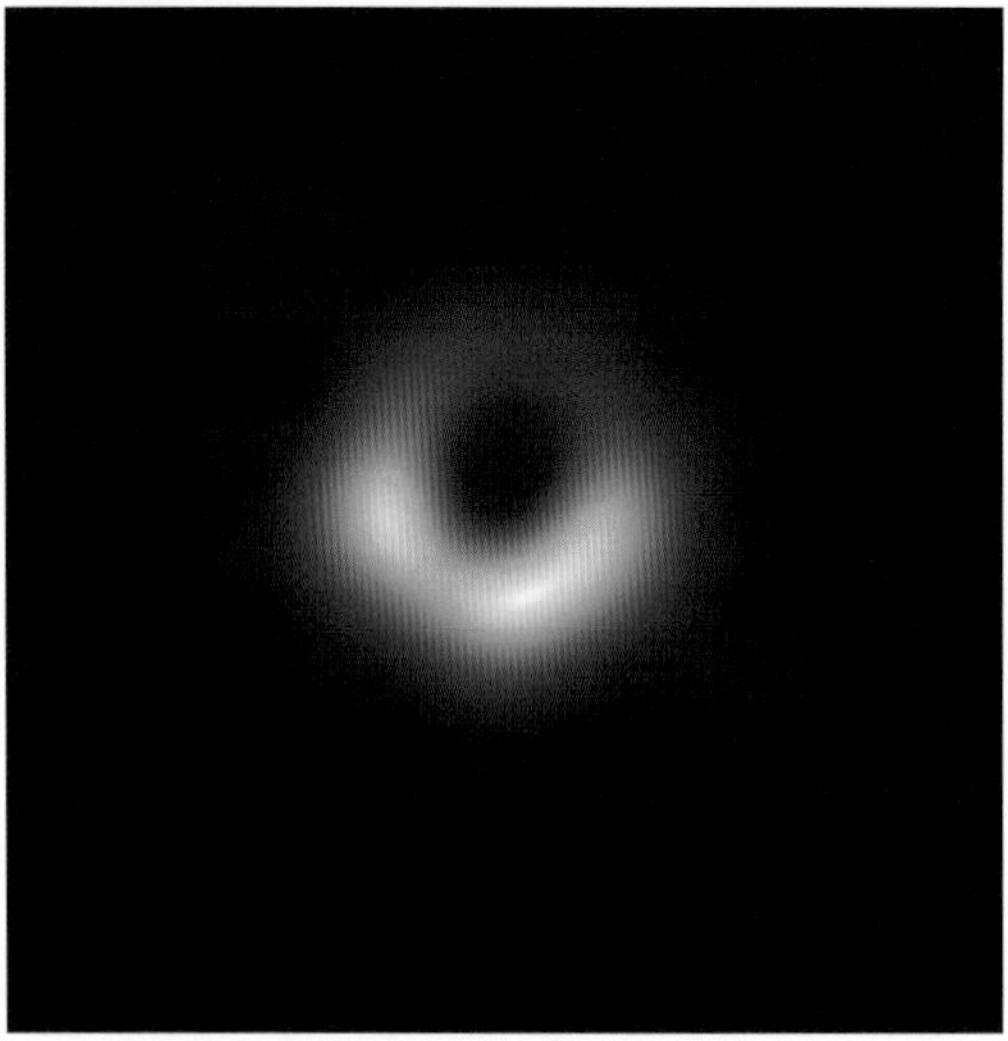

銀河M 87中心の巨大ブラックホールシャドウ

宇宙誕生と最初の3分間

現在の宇宙論では、宇宙は約１３８億年前に誕生したと言われています。「宇宙は膨張している」という話は聞いたことがあると思いますが、宇宙の誕生とかビッグバンの話をするたびに、「その前は何があったのですか？」とよくきかれます。少しイメージしづらいかもしれませんが、宇宙は時間と空間の４次元時空となっていて、宇宙が始まった時に、この宇宙の時間が始まったため、時間軸としての「宇宙が始まる前」というものが存在しません。

それでは、その宇宙は何から、どのようにして始まったのでしょうか。これについても、いくつかの理論があり決着がついていませんが、完全な「無」から生じたというより、「無の揺らぎ」から発生した、というような理論が多いです。「有」でもなく「無」でもなく、「無の揺らぎ」などと言っている時点で何だかよくわからない感じですが、イメージとしては「混沌」

という表現も悪くないかもしれません。

そこから、何らかのきっかけがあったのか、私たちの宇宙が誕生します。宇宙誕生の瞬間から、0.00000000000000000000000001秒（10のマイナス26乗秒）の間に「インフレーション」と呼ばれる宇宙空間の急激な膨張をします。「インフレーション」というと経済で使われる「インフレ」でなじみがあるでしょうが、天文学でも急激な膨張という意味で使っています。その後、空間の性質が変わり、膨張に使っていたエネルギーが熱エネルギーに変わり（「光あれ」と誰かが言ったかわかりませんが）、火の玉宇宙「ビッグバン」になります。

ビッグバン開始から最初の約3分間で、水素原子もさらにその材料もあり、この宇宙の全ての物質の元が生み出されたと考えられています。10億度の10億倍のさらに10億倍（10の27乗度、1000秭《じょ》度）という超高温は、インフレーションほどではないにしろ、宇宙を急膨張させます。膨張は温度を下げる要因になり、ビッグバン開始後0.000001（100万分の1）秒で、宇宙は約10兆度になります。この段階で、宇宙に存在した物質の元である「クォーク」と、クォーク同士を固定することになる「グルーオン」、「電子」や「ニュートリノ」といった素粒子が生まれます。その後、0.0001（1万分の1）秒で宇宙の温度が約1兆度に下がり、陽子と中性子ができます。

水素原子は、陽子1つで原子核を構成するので、この段階で水素の原型が生まれます。その後、3分後には宇宙は10億度まで下がり、水素（約92％）、陽子2個＋中性子2個で構成されるヘリウム（約8％）ができ、微量のリチウムとベリリウムという軽い元素の原子核が存在する宇宙になりました。

しかし、この時代は、光が直進しようとしても直進できないほど高密度で、宇宙全体が曇っていて不透明な状態でした。ビッグバンから約37万年後、宇宙が膨張するに従って温度が下がり、約3000度になると、バラバラに存在していた原子核と電子が合わさり原子という形に落ち着き、光が直進できるようになります。この時のことを「宇宙の晴れ上がり」と呼びます。

その後、元素が宇宙空間に放出され、恒星の中でさらに重い元素を作っていくことになります。この時に誕生した水素が、巡り巡って私たちの体の中にあると思うと神話や宗教感を考えるまでもなく、私たちの体の中に宇宙を感じるような気がしませんか？

このあたりの詳しい話も、最新宇宙論に関わる解説書が多くあるので、詳しくはそちらをご参照ください。

元素記号
©人間の材料表 「一家に1枚　宇宙図2018」(著作:公益財団法人科学技術広報財団)より

私たちが住む宇宙の大きさ

近そうで遠い地球から太陽までの距離

宇宙が誕生してから約138億年という時間が経つ中で、私たちが住む宇宙はどのくらいの大きさに膨れ上がっているのでしょうか？　宇宙と星のスケール感についてざっと地球から俯瞰する形で見てみましょう。

まず地球は半径が約6，400km。ちなみに、地表全体での平均的な水深は約4kmと言われ、最も深いマリアナ海溝では約11km、地上でもっとも標高の高いエベレストは9km弱です（マリアナ海溝の方が深いですね）。ただ、このスケールの違いは、普通のコンパスで地球の断面の円を描いたとすると、その鉛筆線の太さの中にエベレストの高さとマリアナ海溝の深さが収まるくらいですから、地球はなめらかな球形と言ってもいい惑星です。

次にお隣の月です。月の半径は地球の約4分の1程度で、重力は約6分の1です。月までの平均距離は約38万kmです。もちろんレールが無いので不可能ですが、時速300kmの新幹線で月まで直線で行った場合、50日以上かかる距離といわれます。また、光にも速度があるとブラックホールのところでも触れましたが、光速は秒速30万kmなので、地球から見る月は1秒ちょっと前の月になります。

さて、次は太陽に行ってみましょう。地球と太陽の距離は約1億5000万kmです。だんだん距離感がおかしくなってきますね。光の速さで約8分半程度の距離です。地球から見ると月と似たような大きさに見えるため、皆既日食（太陽全体が月に隠される日食）や金環日食（月より太陽がちょっとはみ出て太陽の輪が見える日食）では太陽が隠れますが、月よりずっと遠いのにほぼ同じ大きさに見えるということは、それだけ太陽が大きいということになります。どのくらいの大きさかというと、半径が約70万kmです。大きさも距離もスケールが大きくなるとわかりにくくなりますが、よく言われる言い回しでは、地球を縦に並べて109個分といったりします。わかりやすくなったかは正直難しいところかもしれませんが、地球と比べてめちゃくちゃ大きいというイメージは伝わるかと思います。

太陽の表面温度は約6000度で、太陽表面で少し温度が低い（約4000度程度）ところは暗く見えるため黒点として見えます。黒いシミのように見えるので、不健康そうなイメージがあるかもしれませんが、太陽活動が活発な時ほど多くみられます。

星の大集団「天の川銀河」

ここから先は太陽系を離れて、お隣の星まで行ってみましょう。太陽に一番近い恒星は、太陽からおよそ4.2光年ほどの距離にあるプロキシマ・ケンタウリと呼ばれる星です。スケール感としては、例えば地球を1mmの球とした場合、太陽が大体10cmの球になり、一番近くの恒星プロキシマ・ケンタウリまでの距離は地球が東京にあるとしたら日本海を越え、中国の内陸に位置するほどの構成している星たちは、主に太陽から比較的近傍、およそ3000光年程度の範囲にある星たちで、その大部分が形作られています（厳密には「星座」は空を領域で分けたものなので、ここでは一般的に星座と認識できる程度に星を結ぶ構成要素としての星という意味）。先ほどの縮尺で考えると、4.2光年でおよそ2800kmになるので、3000光年となると軽く地球をはみ出る計算になりますね。それよりももっと遠くに星々は存在し、太陽を含めそれらの星たちは「天の川銀河」（単に「銀河系」とも）と呼ばれる星の大集団として存在します。

天の川銀河には、太陽のような星が1000億個も存在していると言われています。以前は2000億個とか、3000億個あるとかいわれていましたが、ここでの個数はあまり厳密な数字ではないため、現在では1000億個程度という認識になっているだけで、数が半分以下に減ったというわけではありません。

天の川銀河の銀河としての分類は、棒渦巻銀河とされていて、差し渡しがおよそ10万光年程度の巨大な星の集団です。横から見るとどら焼きのような形で、バルジと呼ばれる中心部が膨らんでおり、その中心には巨大ブラックホールがあるといわれ、観測的にもその証拠が集まりつつあります。

私たち人類は、まだ誰一人としてこの姿を天の川銀河の外側から見たことはありませんが、天文学者の地道な観測の成果として、この形がわかるようになってきました。また、「天の川」の名を冠している通り、夏の夜空を彩る天の川は、この天の川銀河を内側から見た姿で、星たちの集団を横から見るため星が川のように見えているものです。そのため、実は冬でも天の川

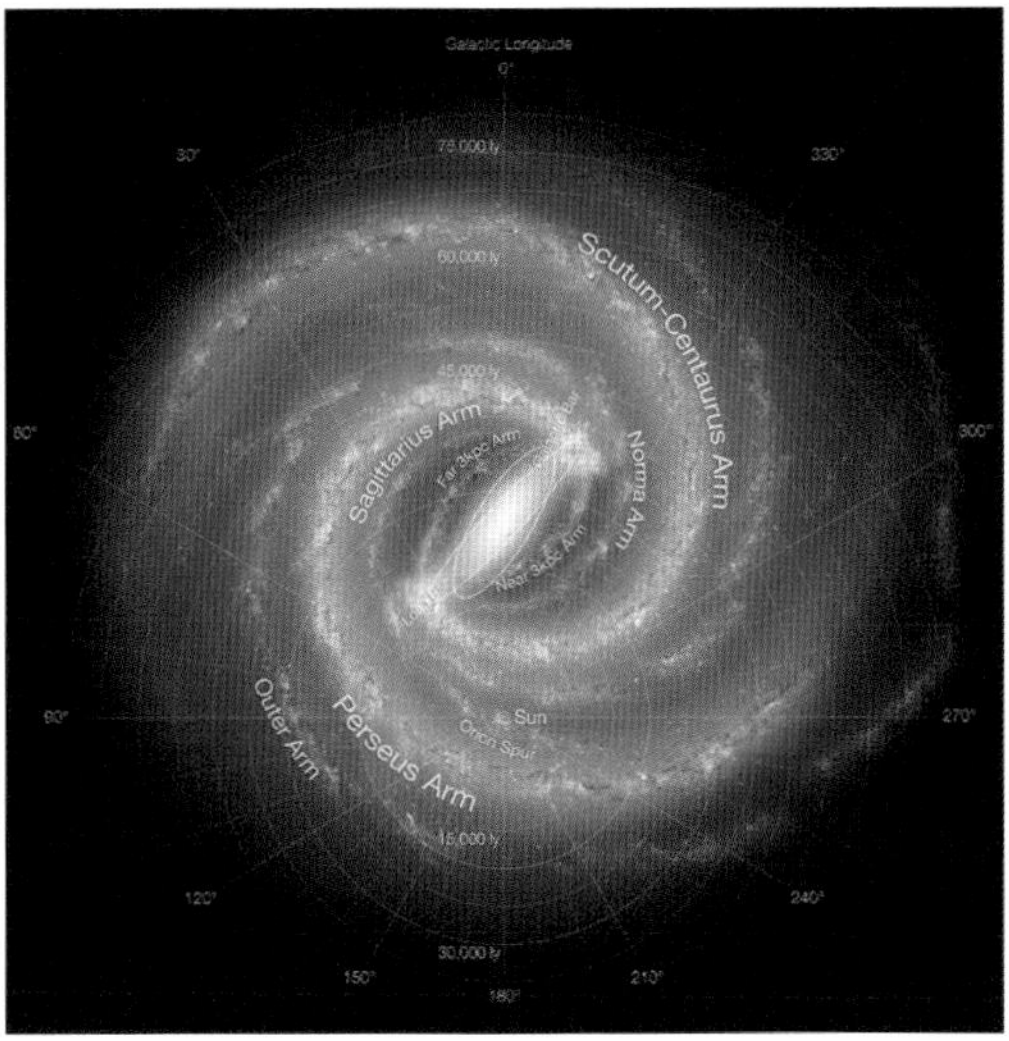

天の川銀河の想像図　©NASA/JPL-Caltech/ESO/R. Hurt

が存在していて、オリオン座、おおいぬ座、カシオペア座なども天の川の中にある星座です。

広大すぎる「宇宙の大規模構造」

だいぶ地球から遠くなってきましたが、私たちの天の川銀河以外にも文字通り無数の銀河が宇宙には存在します。私たちから約250万光年離れたところに、天の川銀河に形が似ているアンドロメダ銀河があります。アンドロメダ座の方向にあり、夜空が暗く、星がよく見えるところでは、肉眼でも見ることができます。このアンドロメダ銀河は遠い未来、天の川銀河に衝突するとの研究結果も出ています。しかし、恒星同士がすかすかであることや、衝突する頃には太陽も末期になっていて、そのとき地球は生物が住める環境ではなくなる見通しなので、アンドロメダ銀河にいるかもしれない知的生物からの侵略……なんてものを心配する必要はないでしょう。

天の川銀河やアンドロメダ銀河などの、この周辺にある「矮小楕円銀河」と呼ばれる比較的小さい銀河などが数十個の銀河が集まり、「局所銀河群」という集団を形成しています。私たちの天の川銀河を含む場合、「局所」とつきます。階層構造としては、小さいほうから「銀河群」・「銀河団」・「超銀河団」という集団となり、典型的な大きさのスケールとしては、半径として10の22乗km、10の23乗km、23乗km以上とスケールが大きくなり、超銀河団は宇宙最大の「天体」ということになります。ちなみに、ブラックホールシャドウが観測されたのは、おとめ座方向にある「おとめ座銀河団」にあるM87という「楕円銀河」での中心にある巨大銀河です。

さて、ここまでくると（少なくとも私たちが認識できる）宇宙の全体像がみえてきます。銀河たちは、このようにある程度集まって分布するため、密なところと疎なところが存在し大部分の銀河は、銀河団とそれらを繋ぐフィラメント構造（巨大なひも状の集まり）に属しており、これを泡構造と言ったり蜂の巣構造と言ったり

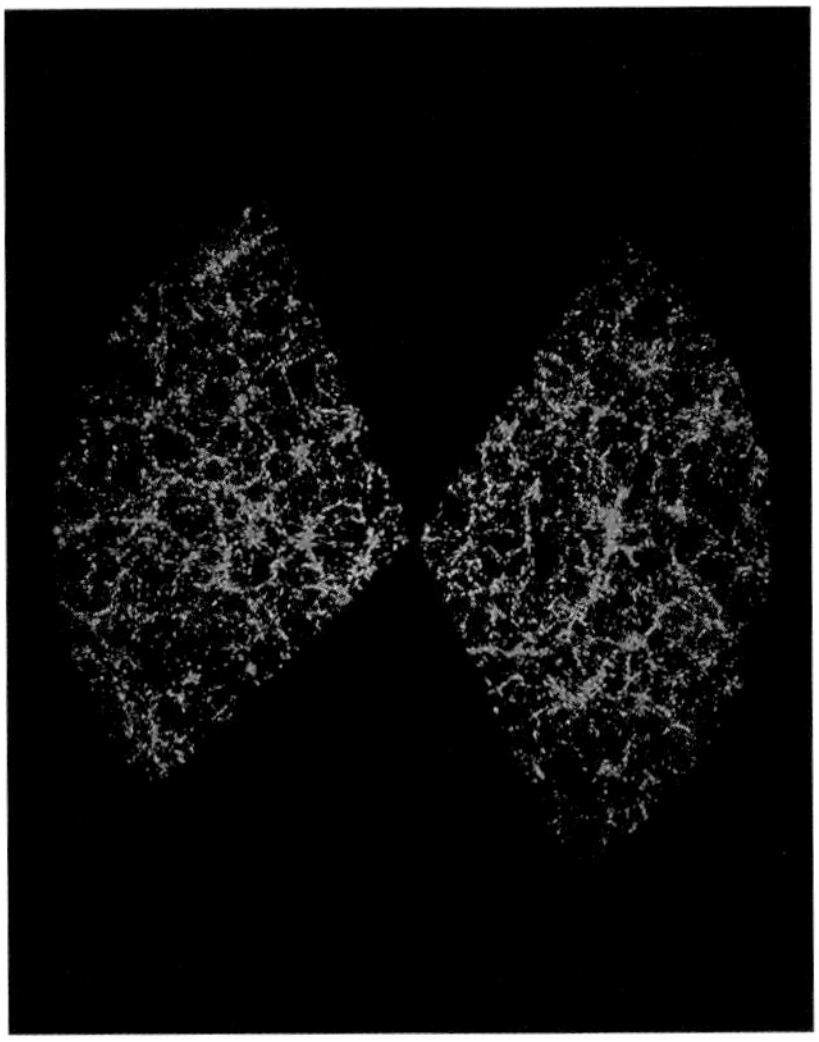

宇宙の大規模構造のイラスト。銀河の3次元分布を赤道方向で切った断面図。上と下のデータがない部分は、天の川銀河の星たちに阻まれて見えない部分

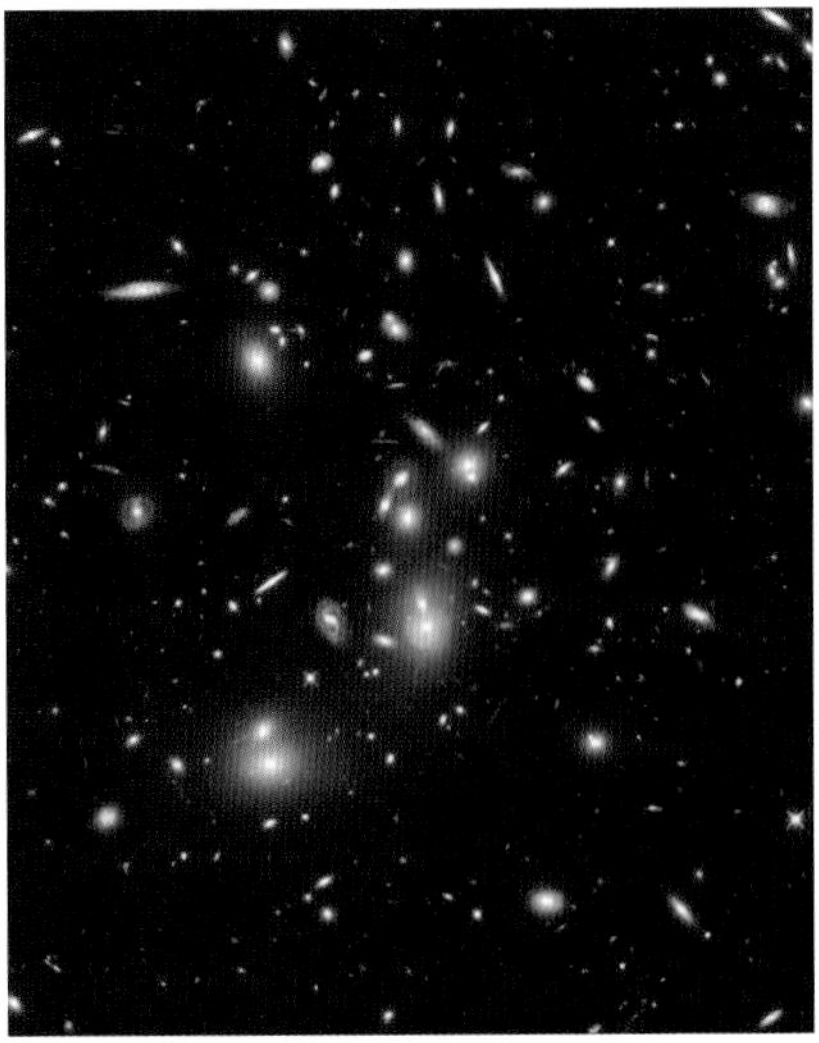

銀河団Abell 2744
©NASA, ESA, and J. Lotz, M. Mountain, A. Koekemoer, and the HFF Team (STScI)

します。このような構造を「宇宙の大規模構造」と呼びます。

現在観測された最遠の銀河は132・8億年先

２０１８年５月、地球からはるか遠くの最遠の銀河は１３２・８億年彼方にあるとの発見がありました。この天体は、１３２・８億年前の天体ということになり、電磁波による観測の限界である「宇宙の晴れ上がり」までもう少しです。

宇宙の始まりと言われる１３８億年から約37万年後にあたる「宇宙の晴れ上がり」を捉えたのがＮＡＳＡのＣＯＢＥ衛星（１９９２年）とＷＭＡＰ衛星（２００３年）であり、現在はヨーロッパ宇宙機関（ＥＳＡ）のPlanck衛星（２０１８年）によって、さらにその詳細な温度の、わずかな違いが捉えられています。これよりさらに宇宙の初期、ビッグバンの中やインフレーションを見るためには、光や電波といった電磁波ではなく、ニュートリノや重力波と

いった別の観測手法が必要になり、現在もその研究は進められています。

ちなみに、「ビッグバンの時が一番小さい宇宙のはずなのに、一番遠いところに広がっているのはおかしい」と思うかもしれませんが、このあたりの説明をすると別の本が一冊書ける上に難しい話になるので、一言だけ。

現在も宇宙は（加速）膨張していると言われていますが、「膨張している空間を直進する光」を私たちは見ていることになるので、ほんとは曲がってたどり着いた光だけど、感覚的に「光は直進する」と認識している私たちが見ると、最初の光は最も遠い場所に見える。という感じです。もっと詳しく知りたい方は、「宇宙図」というもので調べてみるのをお勧めします。天文学について一枚のポスターにぎゅっと記載されております。現在2018年度版が最新版で、いくつか解説本もあります。

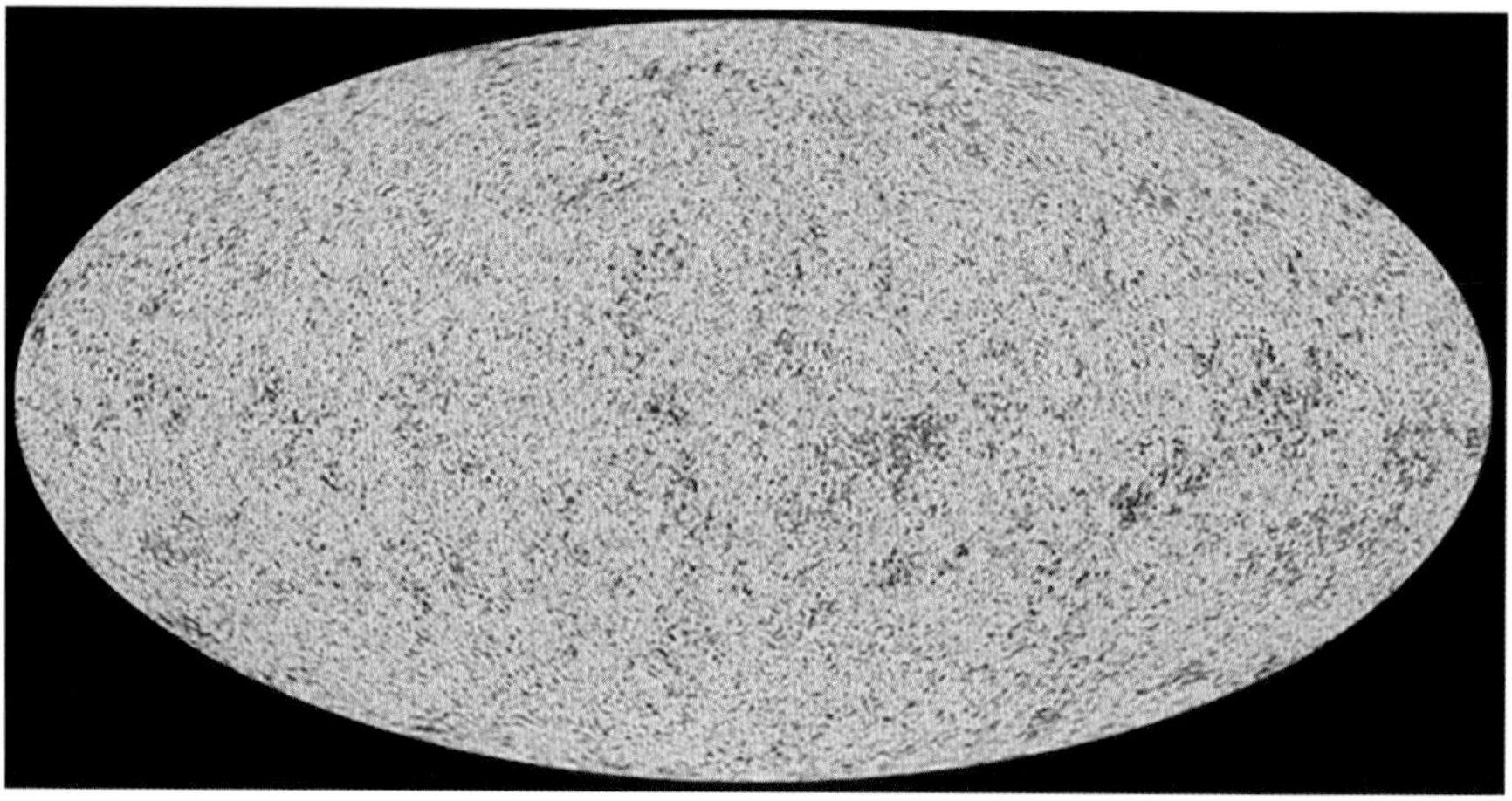

宇宙の晴れ上がり直後の温度分布
© ESA/Planck Collaboration

太陽の誕生・地球の誕生

太陽と地球のはじまり

宇宙の始まりや全体の階層構造についてみてきましたが、なんとなく、宇宙の広さについてイメージが湧きましたでしょうか。ここまで、私たちの材料となる元素の誕生と地球から宇宙の始まりまで遡ってみましたが、まだ私たちに元素たちがたどり着いていません。

それでは次に、ビッグバンから宇宙の膨張の中で多くの星の生と死を経験し、水素とヘリウム、それより重い重元素（天文学者の悪い癖ですが、ヘリウムより重い元素を『重元素』ということがあります。「1、2、いっぱい」と数える大雑把な天文学者を象徴するような例えですが、別の分野の研究者からは紛らわしいとよく怒られます）が宇宙にそれなりに存在する中、水素とヘリウムを含むそれらの元素で構成された分子の雲「分子雲」の中で、私たちの太陽が誕生します。

ここまで、神話の話だったりブラックホールの話だったり宇宙全体や初期宇宙の話を紹介してきました。星形成から惑星形成などが私の専門なので、もう少しだけ、太陽が誕生するまでの流れを詳しく見てみましょう。

たくさんのガスの集まりから太陽が生まれた

天の川銀河については前述しましたが、この中でガスが集まった分子雲というところがあります。

一般的に、宇宙空間は「真空」と呼ばれますが、典型的にはこの星間空間には1立方cmあたりに水素分子1個程度の希薄さといわれています。一方、分子雲は、1立方cmあたり1000個程度という密度の高い領域です。それでも、私たちの周りの空気には同じ体積あたり、25000000000000000000個（2500京個）の空気分子があるので、密度が高い分子雲といっても、相当希薄な領域です。また、宇宙空間の温度はおよそ2・7K（ケルビン：絶対温度。マイナス273・15℃がゼロK）ですが、分子雲ではおよそ10K（約263℃）という宇宙空間では温暖（？）な環境です。

このような環境では、水素分子はもちろん、一酸化炭素や二酸化炭素、水、アンモニア、ホルムアルデヒドなどさまざまな分子が発見されています。中には、エチルアルコールやギ酸メチルといった有機分子や、地上では安定して存在できない、炭素が複数直線状に連なった分子なども発見されています。「アルコール」が宇宙に存在するということで、私を含めお酒好きな方は少し興味が湧くかもしれませんが、この『分子雲のカクテル』にはこのほかに有害なメチルアルコールやちょっと臭いアンモニアなども含まれるので、たぶん体に悪いと思います。

この分子雲の中のさらに密度の濃いところが分子雲コアとなり、集まったガスはさらに重力を増して周囲のガスを集めていきます。やがて、元素合成のところで紹介した通り、中心部で核融合反応が始まると、太陽の誕生です。この時、全てのガスがまっすぐ太陽の中心に落ちるわけではなく、わずかに方向を持ってそれぞれが斜めに集まっていくため、結果的に全体として回転するようにして集まっていきます。そのため、回転軸の上下にあるガスはあまり遠心力の影響を受けず星に落ちてゆき、逆に回転面と同じ方向にあるガスは遠心力の影響を受け、円盤状に残ります。垂直方向と水平方向の間にあるガスは、重力と遠心力の両方の影響を受け、円盤に降着して、ガスとダスト（塵のようなもの）でできた円盤「降着円盤」を形成します。特に星が生まれる時にできる降着円盤は、その中で惑星も形成されることから、「原始惑星系円盤」と呼ばれます。

太陽系はどのようにして形成されていったのか

この原始惑星系円盤が、私たちの地球を作り上げる母体となります。この後、どのように惑星が誕生するかについては、考案者である京都大学の林忠四郎氏の名前をとって、「林モデル」もしくは「京都モデル」と呼ばれているものがベースになっています。このモデルでは、大体以下のように説明しています。

太陽が形成される時に、原始惑星系円盤が形成され、円盤のさらに中心面へとダストが集まってきます。ダストが薄い層にまで十分集まってくると、重力不安定により分裂し、その破片が収縮することで微惑星が多く形成されます。この微惑星が合体・集積していくことにより原始惑星が形成されます。

地球型惑星（水星・金星・地球・火星）はこれらの巨大衝突により形成され、木星型惑星（木星・土星）はある程度大きくなった原始惑星が周囲のガスを纏うことで巨大ガス惑星となり、ガスを纏いきれなかった惑星が海王星型惑星（天王星・海王星）となったとされています。修正はあるものの、現在でも、この考え方が

アルマ望遠鏡で捉えた、おうし座HL星の原始惑星系円盤
©ALMA（ESO/NAOJ/NRAO）

約46億年前に太古の地球が経験した、大まかなストーリーです。この時の材料は、主に分子雲にあったものやそれが材料になってできたものとして、水素ガスや岩石、水や二酸化炭素でできた氷、微量の一酸化炭素などの様々なガスなどがあります。簡単に「岩石」などと言いましたが、この組成でも炭素やケイ素や酸素、もっと重い金属なども含まれており、太陽が生まれる前に、別の星の中で形成された星屑たちが集まってきています。

ここまで説明したように、私たちの太陽系は同一の円盤内ででき、そこにある材料を集めて作ったため、太陽系が同一円盤内にほぼ揃っているのが理解できるかと思います。さらに、太陽の近くは軌道の円周が短く集める材料が少ないため、地球型惑星は小さな岩石惑星になります。さらに遠い木星型惑星は太陽から遠く、内側の惑星と比べ軌道の円周も長くなり、さらに太陽から離れているために氷が材料として存在できるので、惑星のタネとなる原始惑星が地球の10倍以上というサイズに成長できます。そうなると重力的にガスを集めることができるようになり、暴走的に成長し始め、その結果、巨大ガス惑星になることができました。ところが木星や土星より遠い海王星型惑星では、材料はいっぱいあっても太陽から遠すぎるため惑星の動きはゆっくりで、ガスを十分に集める前に円盤が持っていたガスが散逸して中途半端なサイズになりました……と聞くと、「ふむふむなるほど。もう惑星形成は解明されたのか」という印象を持たれるかもしれません。しかし、残念ながらそう簡単にはいきませんでした。

このモデルを構築した林先生も、理論的な細かい部分で、いくつか不十分なポイントは上げていましたが、１９９０年代まで大まかにこの流れが信じられていました。その時まで私たちは、この太陽系しか惑星を持っている系を知らなかったので、多少の微修正が必要であることは理解していても、大枠としてはなんとなく満足していた雰囲気でした。しかし、１９９５年の太陽系外惑星の発見により、この理論の大改修をする必要がでてきました。この話については、また後の章で詳しくお話ししたいと思います。

　このように形成論にいくつかの不確定要素はあるものの、大筋としてはこのように地球が誕生し、ほぼ同じ時期に月が形成され、月が存在するおかげで地球の自転は比較的安定することになります。月の形成についても、近くを通った微惑星を捕獲したという「捕獲説」、地球形成時に同時に育ったという「共成長説」、原始地球が高速自転して表層物質が飛び出して月になったという「分裂説」などがありましたが、どれも問題がありました。

　現在では、微惑星が原始地球と巨大衝突を起こし、はぎ取られた表層物質が月を形成したという「巨大衝突説」(ジャイアントインパクト説)です。近年、このモデルにもいくつか修正が加えられるという研究成果も出てきましたが、大枠としては、原始地球に何かが（もしかしたら複数回）ぶつかって月ができた。というところのようです。ちなみに、このお月様、年間約3cmの速度で地球から遠ざかっているようです。重力の関係で遠ざかる限界は決まるので、月を手放すことにはなりませんが、遠い将来、月が完全に太陽を隠す皆既月食が見えなくなるかもしれないというのはちょっと残念です。皆既月食を見るなら今ですね。

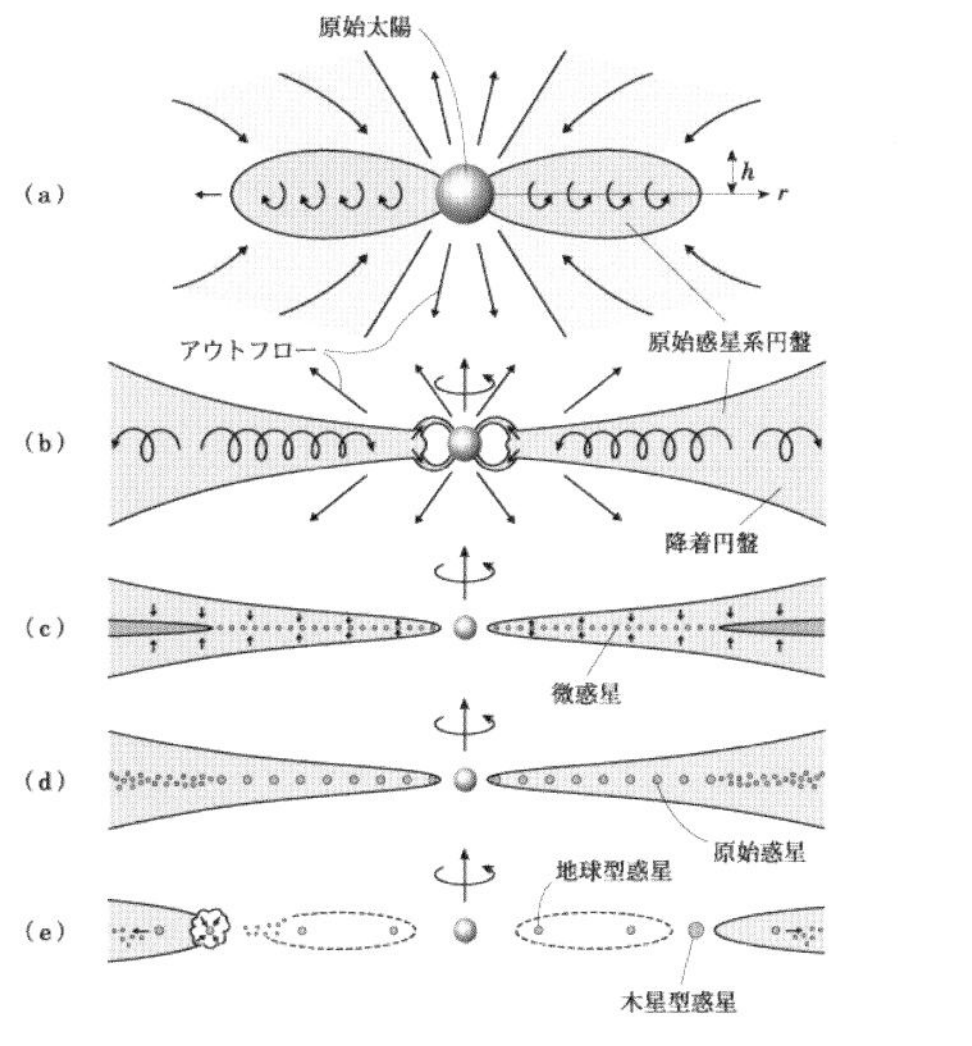

太陽系形成の標準シナリオ
出典:「天文学辞典(日本天文学会)」
渡邊誠一郎「太陽系形成論の概観」、シリーズ現代の天文学第9巻、
渡部・井田・佐々木編『太陽系と惑星』 6.1節 図6.1（日本評論社）

地球における最古の生命

マグマオーシャンと二次大気

さて、ここでやっと地球が誕生しました。この時点で46億年前なので、宇宙の年齢の138億年から考えると、宇宙が92億歳の時ですね。個人的には、遥かな宇宙の歴史で、地球は既にその1／3を経験していると思うと、意外と地球も早い段階で生まれたのかなという印象があります。

ともあれ、地球が誕生したばかりの頃、どんな環境だったかというと、今のように初めから人類が住めるような環境だったわけではもちろんありません。先ほど、微惑星たちが衝突して地球ができたことや、月が形成されるために微惑星が衝突したなどというお話をしました。この時、原始太陽系円盤にあったガス成分はほぼ抜けていましたが、微惑星はたくさんありました。原始地球に微惑星が衝突・合体をする時、そのエネルギーが熱となり、岩石をも溶かすほどの温度に達し、地球の表面は溶岩の海で満たされます。これをマグマオーシャンと呼びます。この中で、金属物質は中心に沈み込み地球の中心核（コア）を形成します。これが最初期のコアとマントルの分離です。この時に大気に存在している水蒸気の大部分はマグマオーシャンに溶け込みます。溶岩に水をかけるとすぐ蒸発してしまうイメージがありますが、ここでは水蒸気として存在していた水（H_2O）が溶けた溶岩に吸われている状態です。そして、天体の地球への衝突が落ち着いてくるとマグマオーシャンは冷却を始め、マントルや地殻の構造を作っていきます。

また、初期の地球の大気は、原始惑星系円盤で集積する過程で得られたものです。それは太陽と同じように、水素やヘリウムが主成分であるはずですが、現在の地球の大気（窒素78％、酸素21％）とは大きく異なっています。これは、地球が形成された後、原始惑星系円盤から獲得してきた一次大気は、太陽風（太陽から放出される高エネルギー粒子）や巨大衝突などによりはぎ取られてしまい、現在の大気は集められた岩石からの脱ガスで形成されたためと言われています。

最古の生命活動の痕跡

マグマオーシャンが冷えていく過程で溶岩に溶け込んでいた水蒸気が放出されることで、大気中に大量のH_2Oができてきます。大量の水蒸気が雲を作り、長い期間雨が降り注ぎ、原始の海ができたと考えられています。この辺りの詳しい話は、阿部豊先生の「生命の星の条件を探る」（文藝春秋）をご参照ください。

海ができてくると生命まで少し近く感じるかもしれません。ただ、これでもまだ約46億年前のことです。地球史最初期の数億年（約46億年～約40億年前）は「冥王代」と呼ばれる時代で、地質的記録がほとんどありません。例外としていくつかあるもののうち、最古のものは、西オーストラリアで発見されたジルコン粒子で44億4００万年前という記録があります。ただ、地質学的には重要ではあるものの、生命にはたどり着いていません。

最古の生命活動の痕跡としては、40億年前から始まる太古代初期の38億年前の炭素の粒があります。ただの炭素の粒であれば生物由来ではなくとも無機的に存在するため、はっきりは言えないのですが、炭素の同位体測定という方法を使った結果「生物由来」であることがわかりました。炭素（C）の原子番号は6で、一番軽い原子番号1番の水素から数えて6番目です。「すい（H：水素）へー（He：ヘリウム）りー（Li：リチウム）べ（Be：ベリリウム）ぼ（B：ホウ素）く（C：炭素）の（N：窒素，O：酸素）ふ（F：フッ素）ね（Ne：ネオン）」で覚えた方は「く」のところですね。これは原子核の中にある陽子の数になります。この陽子の数が変わると元素の種類が変わるので、「陽子が5つしか持たない特殊な炭素」というのは存在しません。原子核は陽子1つで原子核になれる水素以外、通常ほかに同じ数程度の中性子を持ちます。陽子と中性子の合計を質量数と呼び、炭素の場合は12（陽子6個＋中性子6個）になり、^{12}Cと表記します。陽子と違い中性子は増えたり減ったりすることがあり、それを「同位体」と呼びます。この「同位体」を用いた年代測定は古い時代の年代測定によく用いられる手法です。

炭素の同位体である^{13}Cは中性子が一つ多い炭素です。炭素の中で、この^{13}Cは2％ほど存在していて、この割合（同位体比率）は無機物であればほとんど一定になります。しかし、生物の場合はこの割合が変わってきます。生物の体を構築する炭素は植物に由来し、植物の体を作る炭素は、光合成によって二酸化炭素から有機物として固定されます。有機物として固定される際、^{12}COの方が^{13}COより早く反応するため、生体の体には^{12}COの方が多く、それらを食べる動物も^{12}COが多くなります。当時はまだ光合成細菌は誕生しておらず、当時の生物は光合成を行っていませんでしたが、化学合成という方法で二酸化炭素を固定していたのでしょう。化学合成の場合でも光合成と同じ仕組みで^{12}COが多くなるため、38億年前の炭素粒子も生物由来の痕跡だと考えられています。

生命の起源の謎。陸上温泉VS海底熱水

生命はどこから誕生したのか？

このように、どうやら38億年前には何かしらの生物は存在したようです。では、最初の生命はどこで誕生したのでしょうか。海でしょうか、それとも陸だったのでしょうか。生命の痕跡がオーストラリアの陸上で見つかったというのもありますが、38億年前もそこが陸だったとは限りません。もしかしたら、生命の起源と聞くと海を連想される方も多いかもしれません。なんとなく、「海で生まれた生命が進化して陸上に上がった」という印象があるからでしょう。実際に進化の過程はそうだったとしても、一番最初の生命も海の中で誕生したかどうかは別の問題です。ここでは、現在有力とされている「海底熱水起源説」と「陸上温泉起源説」についてご紹介します。「宇宙起源説は？」と期待する方もいらっしゃるかもしれませんが、それについては後ほどご紹介します。どちらにせよ、生命が宇宙からきた場合も、「その生命はどこで誕生した？」という問題に戻ってきますので、まずは地球の材料で考えてみるというのが素直な考え方でしょう。ここでは、地球で考えられる海底熱水と陸上温泉についてご紹介します。

海底熱水起源説

海底にある熱水噴出孔付近で最初の生命が誕生したという説です。熱水噴出孔は、地熱で熱

せられた水が噴出する場所です。「水」と言っても、その温度は高いもので４００℃（摂氏）にも達します。

ちなみに、天文学でよく使われるのは絶対温度ですが、これから地球の話をする場合は摂氏（℃）でお話しします（絶対温度（K）にするには２７３度を足します）。

地上ではだいたい１００℃で水が蒸発して水蒸気になってしまいますが、水は何かが溶け込んでいたり、大きな圧力がかかったりすると沸点が上がります。水深６，５００mでは1平方センチメートルに約６５０kgの圧力がかかります。このような高い水圧がかかっている海底の環境では、４００℃でも沸騰せずに液体の状態を維持することができます。

深海の温度は水深約1，０００mで2〜4℃となり、それより深い海でもほぼ一定です。この深さでは太陽の光も届かない真っ暗な世界です。熱水噴出口がある付近の深海の水温も２℃くらいとなっており、そこに塩分や金属を含んだ高温の熱水が吹き出し、海底にチムニーと呼ばれる煙突のようなものを形成します。チムニーの中でも、熱水に鉛・亜鉛・銅・鉄などの硫黄の化合物が多く含まれ、黒い煙のように見えるものを「ブラックスモーカー」と言います。

このように、太陽の光が届かず、圧力も地上より遥かに高く、温度も２℃だったり４００℃だったりと暑いのか寒いのかわからないような環境で、たくさんの生物が発見されています。

ブラックスモーカーには硫黄の化合物やメタ

ブラックスモーカー

ン、重金属（天文分野ではヘリウムより重い元素を重元素と言いますが、ここではもっと一般的な鉄以上の元素といったイメージです）を含んでいます。この中には、一般的な生物にとっては有害な物質も含まれているにもかかわらず、なぜか他の海底の場所より生き物が集まっています。このようなチムニー付近には吹き出される熱水に含まれている化合物を食べて、化合物から有機物を合成する微生物がたくさんいることがわかっています。これら合成された有機物を求め、多くの生物がチムニーに集まって生態系を形成しています。このように光が一切届かない環境でも、地球初期から常にエネルギー供給があり、化学合成による生態系を形成していることから、最初の生命は海底熱水付近が起源ではないかという説があります。

陸上温泉起源説

この説は、いわば温泉付近で最初の生命が誕生したのではないかという説です。海底熱水噴出孔が陸上付近にあった場合というイメージですが、「温泉」と言ってしまうとイメージしやすいですね。海底熱水噴出孔で生態系が見つかってるならそれでいいではないかと思うかもしれませんが、これには一つ問題があり、しかも「生命の定義」に関わる問題でもあります。

この章の最初の方で、生命の定義の代表的なものとして、4つの項目（境界、代謝、自己複製、進化）についてご紹介しました。このうち、「ダーウィン進化」をするためには「情報」を引き継ぐ必要があります。

現在、私たちの体の設計図としての役目を担っているのがDNAです。遺伝情報を担うDNAが、RNAの働きによってタンパク質を作るということが繰り返され、ヒトの子どもはヒトの形になります。

DNAやRNAといった核酸はたくさんの分子が結合した生体高分子です。この核酸を作るためには、材料を放り込んで混ぜるだけでは作ることができず、化学合成の過程で水（H_2O）

を抜く乾燥反応が必要になります。

陸上の温泉付近でも海底熱水噴出孔付近と同様に、リンや硫黄といった生体に必要な元素が存在し、温泉付近なのでもちろん熱という形でエネルギーが十分あります。材料となる有機物がそれなりにあれば、合成の過程に乾燥反応も起きるので、核酸を作ることができます。

海底と違って環境として厳しいものの1つは紫外線などの光環境です。紫外線に耐性のある微生物なども存在しますが、生まれたばかりの生体にとって紫外線は大敵だったでしょう。ただ、日陰にいるだけでそこはクリアできます。ここからは確率の問題となり、複数の場所で核酸の合成が進んだのかもしれません。このように、乾燥や重合などを繰り返し、核酸が合成され、遺伝情報を持つDNAやRNAが、陸上温泉付近で合成される可能性が高いことから、生命の起源は陸上温泉ではないかという説です。

この2つのどちらが正しいのかは、まだ決着がついていません。この知的バトルについては、山岸先生と高井先生の「対論！ 生命誕生の謎」（インターナショナル新書）に詳細があります。立場の違うお二人の先生方による知的な格闘技の様相を呈して、なかなか楽しい内容になっています。もちろん、お二人とも有名な研究者ですので、個人的な感情で自説を説いているわけではありません。科学的な事実を積み上げた上で違う視点から、生命に遺伝情報が必須ではないか、もしくは化学合成だけで代謝機能をもったナニかでも生命と呼べるのではないか、という話をされています。

生命の定義がまだ決まっていないため、どちらが正しいという結論はありません。さらに、どちらの先生も新しい科学的事実が出てきたらまた立ち位置が変わるかもしれないと、この本の中で語っておられました。もちろん、この先生方以外にも、別の視点から生命の起源を探っている方もいらっしゃいます。この「地球生命の起源」というバトルの決着もアストロバイオロジー分野の醍醐味の1つだと思います。

進化と絶滅を繰り返し、そして人類誕生へ

生物はすべて共通の祖先から進化した

さて、最初の生命が温泉か海底かは定かではありませんが、現存する地球上全ての生物は共通の祖先「LUCA」(もしくはコモノート)というものが存在したと考えられています。その理由としては地球上で見つかっている全ての生物が同じ遺伝機構、タンパク質合成機構、そして共通の代謝系を持っているという事実からです。

初期地球で誕生した原始的な生命は、もしかしたら私たちと違うシステムを使っていた生物もいたかもしれませんが、少なくとも現在そういった生物は見つかっていません。たまたま偶然、「私たちのような生命のシステムをもつものだけが地球で1回だけ誕生した」と考えても観測事実と矛盾はしないので、そう考えても不都合はないのですが、「ほかの惑星にも宇宙人がいるかも」と考える人たちにとっては、「おそらく生命のもととして他のシステムもあったけど、環境の影響で自然選択的に残ったのが共通祖先「LUCA」になった」と考える方が理解しやすいかもしれません。

初期地球には「後期重爆撃期」(40億年前ごろ)という、いささか物騒なネーミングの時期があり多くの隕石が地上に降り注いだ時代もありました。そのため、原始的生命は誕生しても絶滅したりもしたかもしれません。そんな中で高温

環境でも生きていられる「超高熱菌」（80℃以上でよく増殖する微生物）が最初の生命である可能性が考えられています。隕石が大量に降り注いで熱せられた環境でも、生き残ることができたものがLUCAとなったということであれば納得しやすいのではないでしょうか。

どうやら数年前までは、「共通祖先は超高熱菌ではない」という研究者も多くいたそうです。しかし、遺伝子の解析から、生命の進化系統樹を辿ってみると、「共通祖先は超高熱菌である」という結果も得られているとのことで、現在では、LUCAは超高熱菌ということがほぼ定説となっているようです。その後、2つに分かれ、片方は真正細菌に、もう片方は古細菌・真核生物というように進化の過程で分岐していったと考えられています。LUCAの前にDNAワールドやRNAワールドがあったという仮説を聞いたことがあるかもしれませんが、これらについては生物学の込み入った話になりますので、生物学の先生が書かれた解説書などをご参

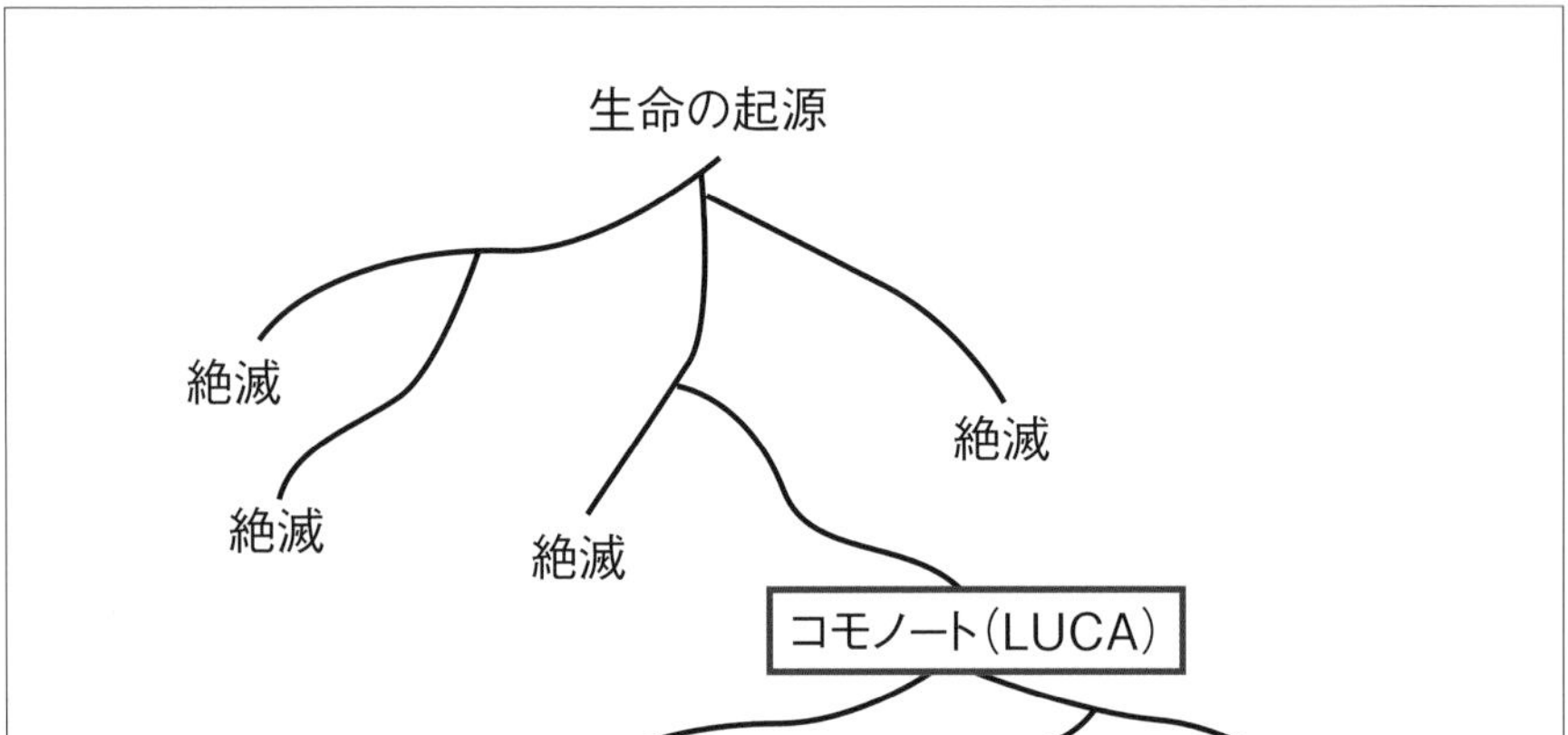

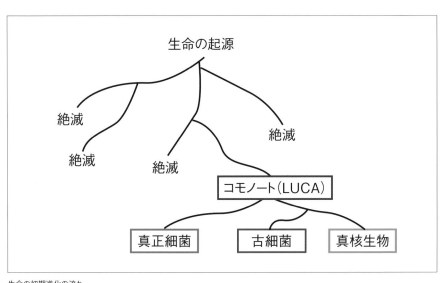

生命の初期進化の流れ

照ください。（山岸明彦「アストロバイオロジー地球外生命の可能性」丸善、など）

生物にとって過酷すぎる氷河時代

そんな超高熱菌からスタートした最初の生命は、次々と酷い目にあうことになります。38億年前ごろには存在していたようですが、その後、地球全体が凍結するという「全球凍結（スノーボールアース）」という時代（約22億年前）を経験します。しかも、どうやらこのスノーボールアースを、少なくともあと2回は経験しているそうです。温泉か海底熱水かは分かりませんが、生命は暖かめなところで誕生したのに、氷で閉ざされた世界を生き延びる必要がありました。

地球が丸ごと凍ってしまうと、光の反射率が高くなり地球を太陽光で温めるのが難しくなり、そうすると氷を溶かすことができなくなってしまいます。しかし、あくまで凍ったのは表面のみ（と言っても水面から1000mまで凍り、平均気温がマイナス40℃だったという見積りもあります）なので、地球のもっと深く、地表から数十km以下にあるマントルの活動は止まっていません。そのため、火山などは止まることなく、二酸化炭素を供給していきます。二酸化炭素がある程度大気中にたまると温室効果が効率的に働くようになり、地表の氷を溶かしたとされています。その時は、平均気温が60℃にも達したという見積りもあります。

その時に、雨などで大気中に出た二酸化炭素は雨に溶け込んで地表に降り注ぎ、炭素の濃度が落ち着くことになります。

スノーボールアースが最初に起きた時代は現在と違い、大気中に酸素がほとんどありませんでした。大気中の酸素濃度は約24億年前には現在の10万分の1という希薄さだったという証拠があります。最初のスノーボールアースが起きたころ、地球の「大酸化イベント」が生じます。具体的にどういった因果関係があるかは諸説あるのですが、このイベントののち、大気中の酸素濃度は現在の100分の1ほどに増加したと考えられています。

それ以前の地表が嫌気的な環境から好気的環境へ大転換したことは、生物が酸素を使い易くなったという意味でも大きな環境の変化でした。もちろん、酸素が増えたらみんな幸せになれるかというと、そういうわけではなかったでしょう。もともと、酸素は反応性が高い元素で、鉄を野晒しにすると錆びてきますが、これも酸素が鉄と結合した「酸化」です。最近では、体に取り込んだ酸素のうち数%が「活性酸素」となって悪影響があるというニュースも耳にします。ですから、酸素が少なかった時代には、あまり酸素を使わない嫌気性の生物も、現在よりたくさんいたかもしれず、大酸化イベントを経て地球が酸化的になった後は、それらの生物の多くは絶滅してしまったかもしれません。ただし、効率的にエネルギーを取り出す酸素を利用することにより、一気に生物の多様性が広がりました。それまでは、バクテリアなどの、細胞が一つだけの単細胞生物といった、原始的な生き物しかいませんでしたが、スノーボールアースが終わると多細胞生物が誕生しました。

生命の多様化。しかし大量絶滅を繰り返す

その後、「カンブリア爆発」と呼ばれる生物の多様化がやってきます。この時に分岐して進化した生き物が、さらに進化をしながら現代まで生命をつないできたと言われています。その後、三葉虫をはじめとする他の生物を捕食する動物が現れ、海から陸上生活が可能な生物が現れ、恐竜たちが世界を支配していた時代が来ます。

そして、恐竜が絶滅するほどの「大量絶滅」がおきます。どうやら地球上では、何度かこの「広範囲の地域で、同時期に、短期間のうちに、多くの」生物種が絶滅するという「大量絶滅」を経験しており、その度に多くの種が絶滅しています。その中でもっとも有名なのが、白亜紀の終わりに起きた、恐竜の絶滅です。地質

学的証拠から、当時に大きな隕石が衝突したという証拠があり、それが大量絶滅の原因という説が有力となっています。大きな隕石が衝突し、爆風と火災で巻き上げられた粉塵が地球を包み、太陽光が遮断をしてしまい、その影響により温度が低下し、光合成生物が減少、大きな体を維持するためにたくさん食べる必要がある草食の恐竜が絶滅し、それを捕食する大型肉食恐竜も絶滅した。というのがざっとした流れですが、これもまだ専門の研究者全員に受け入れられているわけではありません。そもそも気温を下げたり植物が減るくらいの影響があるほどの太陽光遮断がどれくらいの期間続いたのか、一番影響がありそうな鳥類が絶滅しなかったのはなぜかなど、まだまだ議論はあるようです。天文学の立場からは、「隕石が何かの影響を及ぼしたんだろうなぁ」くらいの印象ですが、恐竜や古生物関連の研究をされている研究者の中では、意見が分かれているところなので、この点も今後どうなるのか気になるところです。興味

約5億4000万年前 古生代	カンブリア紀	三葉虫と魚類出現
	オルドビス紀	
	シルル紀	昆虫類などが出現
	デボン紀	両生類の出現
	石炭紀	爬虫類の出現
	ペルム紀	単弓類の出現
約2億5000万年前 中生代	三畳紀	恐竜の出現
	ジュラ紀	有袋類、始祖鳥の出現
	白亜紀	小惑星の衝突により大量絶滅
約6600万年前 新生代	古第三紀	哺乳類の時代
	新第三紀	
	第四紀	人類の時代

カンブリア大爆発における生命の変遷

がある方は、「新説　恐竜学」（カンゼン　平山廉　著）や「面白くて奇妙な古生物たち」（カンゼン　土屋健　著）などもご参照ください。そしてその後、哺乳類たちの世界が広がり、私たちを含むヒト（現生人類　homo sapiens）へと進化していきました。これが約20万年前です。これまでお話しした生命進化38億年の歴史に対して、20万年前なんてついさっきの出来事ですね。

恐竜絶滅のきっかけは巨大隕石の衝突だったのかもしれない　©pixabay

地球上の極限生物

「液体の水」が利用可能なら生命がいる

ここまでで、地球上の生命がヒトまで進化した大枠をお話ししたので、ヒトが地球を席巻した、というような印象を持つかもしれませんが、もちろんそんなことはありません。ヒトが全く生息できない海底熱水付近での高温高圧の地でも生息できる生き物や、北極や南極といった極寒の地で生息している生命もいます。さらにはヒトが住めない酸性やアルカリ性の環境でも生育できる（耐えられるだけでなく、増殖できる）生物は存在します。少なくとも地球上では、人類が到達したことのあるどこにでも、微生物を含めた生命の先輩がそこに存在しています。

それらの環境は「ぎりぎり液体の水が利用できる」環境です。300℃を超える熱水でも、海底の高圧環境なら液体の状態を保つことができます。氷点下の水でも、氷の中に封じ込められたわずかな液体の水が利用できる可能性があります。低温の場合でも（動物でも冬眠するものがいますが）、細胞は冷凍状態になると活動こそないものの、極めて長い間生存できます。活動しているものとしては、ヒマラヤ氷河で生きている昆虫が、マイナス16℃でも活動していることが知られています。また、生きた微生物が地上58kmの成層圏で採取されており、大気中に浮遊している微粒子（エアロゾル）中での育成の可能性も示唆されています。

現在も、地上400km上空で地球を周回している国際宇宙ステーション（ISS）の日本実験棟「きぼう」で実施している「たんぽぽ計画」の目的の1つとして、地球の微生物はどこまで届くのか、その可能性を探っています。

その方法は意外とわかりやすく、宇宙ステーションの外に出ている部分（曝露部）に、10cm×10cmの捕集パネルと曝露パネルを設置し、地球から飛び出てくるかもしれない微生物を含んだチリや、宇宙から地球へ降ってくるチリが捕まるのを1～3年ほどじっと待つというものです。「たんぽぽ計画」というネーミングも、綿毛のついた種子を風にのせて飛ばす、たんぽぽの綿毛をイメージしたものです。じっと待つといっても、宇宙ステーション自体が約90分で地球一周（約4万km）を周回するので、ふわりと浮き上がった小さな粒子でも、かなりの高速で捕集パネルに飛び込んできます。そのため、捕集パネル自体もいろいろな技術開発が進められ、高速でぶつかってくるチリでも壊さないで捕まえることができるふわふわの「シリカエアロゲル」というものが使われています。スカスカの個体と言われるほど特別なガラスを使っていて、密度が空気のたった10倍程度（0・01g／cc）です。すでにいくつか帰ってきたものがありますが、あいにく明確な生き物がいたというニュースはまだありません。しかし、もしかしたら近いうちにそんなニュースが飛び込んでくるかもしれませんね。

超低温・超真空・放射線に耐性を持つクマムシ

多くの生命にとっては有害な放射線や紫外線ですが、それらに強い微生物もいます。微生物だけでなく、多細胞生物の中にもいます。条件さえ揃えば放射線だろうが紫外線だろうが、150℃で30分あぶられても、7.5GPaという超高圧（1気圧の約7万5千倍）下で13時間放置されても死滅しない、ある意味最強の「クマムシ」と言われる小さな動物が存在します。

クマムシは、概ね1mm未満の小さな動物ですが立派な多細胞生物で、緩歩動物（かんぽどうぶつ）と分類される動物です。この小さな生き物の大きな特徴は、乾燥・脱水して「乾眠」と言われるいわゆる仮死状態になることです。この状態になるともう最強です。

クマムシは緩歩動物である

超低温・超真空・放射線に耐性を持つため、乾眠状態のクマムシを10日ほど宇宙空間に暴露させても、その生存率や寿命、繁殖率に影響はありませんでした。さらに高圧にも耐えられ、氷漬けになっても、灼熱の151℃にさらされても、その後、水をかけると息を吹き返して何事もなかったかのように動き出します。環境に対する過剰なまでの耐性から、クマムシが「最強」と言われるのも確かに納得できますね。実際、30年以上前に南極で採取され保存されていた氷の中から、クマムシが蘇生し、繁殖したというニュースもありました。しかしこのクマムシさん、比較的その辺の道端にいるらしいのですが、育てようと思うと意外と大変らしく、乾眠していない状態では、お腹が空くとすぐに死んでしまうそうです。繊細なのかタフなのかよくわかりませんね。

ちなみにですが、乾眠して仮死状態になったあと、（アニメであるように）復活したら強くなるとか、そう言ったことはありません。

極限領域の光合成生物

最後にご紹介したいのは、私の所属するアストロバイオロジーセンターでも研究がされている極限領域の光合成生物についてです。光合成は、光を使って水を分解し、酸素を発生させて二酸化炭素が固定され有機物になるという反応です。地球の歴史の中でも「大酸化イベント」というものがあったとお話しましたが、それにも植物が関わっていると考えられています。

地球にとって（私たちにとっても）重要な植物は、地面から動けないので、どこでも生きられるというわけにもいきません。赤熱の砂漠のど真ん中ではオアシスでもない限り植物はありません。それでは極寒の南極はどうでしょう。南極大陸は、雪で閉ざされた環境だと思われがちですが、夏（南半球なので12月ごろ）の間は、岩などの地面が露出している場所があります。そこには、ナンキョクカワノリという植物が自生していることが知られています。ナンキョクカワノリは層状になっており、上層では通常の可視光（400～700ナノメートル付近）で光合成を行っていますが、下層にはあまり可視光が届きません。通常、光合成のために用いる光は、680ナノメートルと700ナノメートルのところまでエネルギーを受け渡して光合成を行います。そのため、一般的に、それより波長が長く、エネルギーの低い近赤外線の光は光合成にはあまり利用されません。しかし、ナンキョクカワノリの下層では、そういった普段は使わない光を使って光合成しているということがわかっています。

南極の陸上は、低温や凍結、乾燥、夏の間に強い紫外線にさらされる極限環境です。逆に、高温・高圧の海底熱水付近も極限環境の一つです。そういった過酷な環境でも育成が可能な生物の適応戦略を明らかにする研究を進めることは、地球に限らず、他の惑星の環境でも存在できる生命についての研究の大切な糸口になっています。

宇宙コラム

進化？ 変態？ 天文学での「進化」とは？

ここまで、LUCAからヒトまでの進化を駆け足でご紹介しました。何気なく「進化」という言葉を使ってきましたが、この言葉についても天文学者の独特の使い方があります。「進化」は、「生物が世代を経るにつれて次第に変化し、元の種との差異を増大して多様な種を生じてゆくこと」（広辞苑より）という意味で用いられます。天文学では、恒星の年齢に応じて変化するところを「恒星進化」と言ったりします。「進化」の定義はそもそも『生物が』と言っているのでそもそも正しい用法でもないのですが、一番の違いは、「世代を経るにつれて」というところです。

この場合、主に恒星の内部構造の時間変化のことを指して用いられます。恒星が誕生することを、感覚的に「星が産声をあげる」なんて表現をすることもあります。そして、恒星の質量によって細かい話はありますが、おおまかに言えば、その後、恒星は赤い赤色巨星になります。その後、太陽のような質量の恒星は、最終的に外層のガスを吹き飛ばして白色矮星になり、その後、静かに暗くなってその一生を終えます。太陽より10倍程度以上の恒星の場合、赤色巨星になった後、恒星が超新星爆発を起こしてその一生を終えます。「星の一生」と思わず表現してしまうくらいなので、「進化」というより「成長」の方がニュアンスとして伝わるかもしれません。それでも恒星の内部構造から見え方まで変化するそのダイナミックな生き様（？）を表現する上では、やはり「進化」と言いたくなりますね。

生き物の中には、一生のうちにその形をダイナミックに変化させる生き物もいます。カエルなどを思い出していただくとわかりやすいかと思います。オタマジャクシから大人になると手足が生え、尻尾がなくなり、カエルになります。このように成長過程で大きく形態が変わることを「変態」と言います。ヒトを含む哺乳類は、成長しても大きく形態そのものは同じなのでヒト（哺乳類）は変態ではありません。昆虫の場合、卵から孵化したのち、幼体から生体になるために変態をするものがほとんどです。さらに、昆虫に限り、一度さなぎの状態から羽化して成虫となるものを「完全変態」といい、さなぎにならないものを「不完全変態」と呼びます。なんだかネーミング的に残念（？）な感じがしますが、正しい用法という意味ではそうなります。

　こう考えると、恒星の「進化」と言う用法より、恒星の「変態」のほうが正しい使い方かもしれません。しかし、個人的には受け入れがたいところがあり、それであればもっと適切に恒星の「成長」の方が心情的に受け入れ易くはありません。身の回りでも、架空のモンスターを捕まえたり戦わせたりする某ゲームで、モンスターを強くするための方法で「進化」という選択肢があります。でも、これはどう考えても「変態」ですね。ただし、一生懸命捕まえて育てたモンスターを「変態」にしたいと思う人はあまりいないと思うので、あえて「進化」というかっこいいネーミングにしたのでしょう。

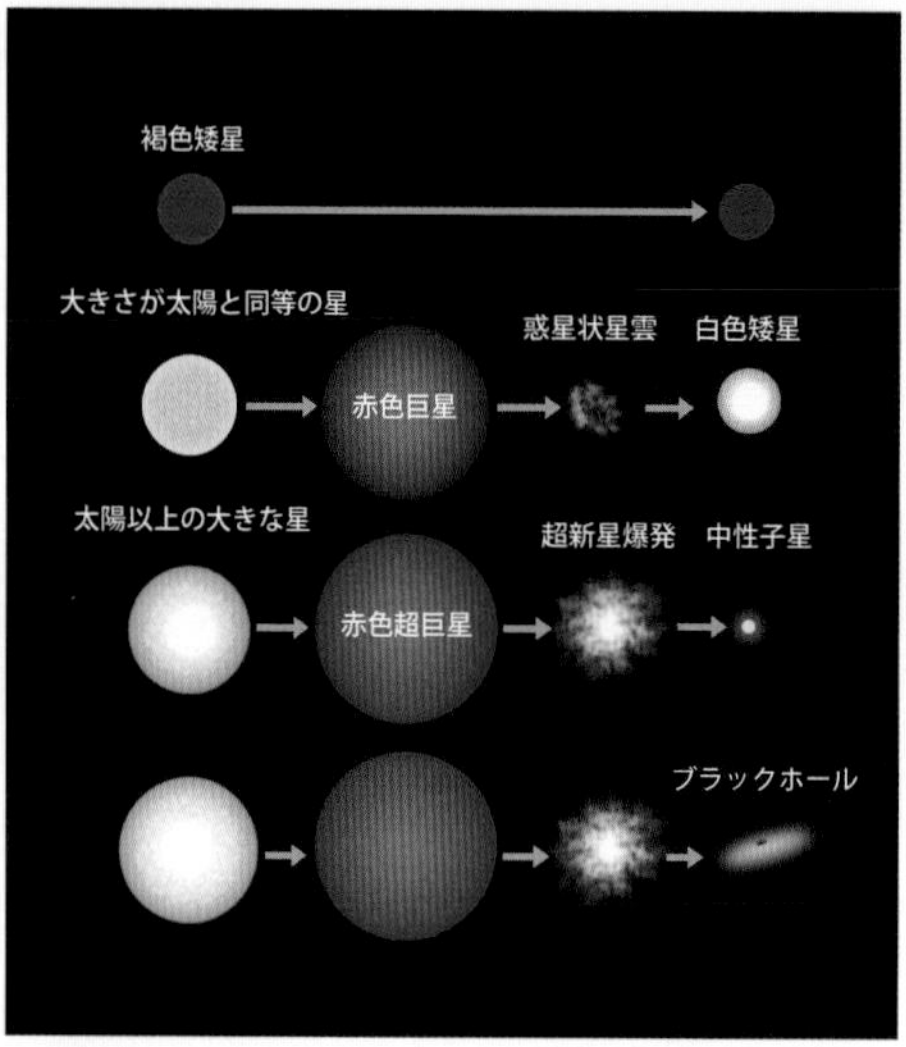

恒星進化の流れ

第3章

地球外生命探査の飛躍的な発展

宇宙探査の幕開け

科学技術の発展によって宇宙探査は進む

　ここまでお話ししたような、さまざまな科学的な成果を得られたのは、科学技術の発展を避けて考えることはできません。南極へ向かうための砕氷船や、深海の極限生命を探るための潜水艦などももちろんその一つですが、今回は「宇宙生命」がテーマなので、宇宙探査の技術についてご紹介しようと思います。

　宇宙開発と聞いてまず連想するのはなんでしょうか。人工衛星、ロケット、探査機、宇宙望遠鏡といったところかと思います。ＳＦ映画に登場するワープ航法や超光速航行といったものは除外しておきます。少なくとも現時点でこれらのＳＦ的な宇宙開発は（少なくとも私が知る限り）ありません。もしかしたら、これらに繋がる基礎研究をしている人もいるかもしれませんが、まだ理論ベースでの研究が主になっています。ですから、ここでは、そういったＳＦ的、もしくは将来あるかもしれないという技術ではなく、これまでの宇宙開発の歴史についてご紹介します。

　天気予報で活躍し、カーナビやスマートフォンで利用されている測位システムにも使われる人工衛星や、国際宇宙ステーション（ＩＳＳ）などは、日常的に見ることができます。夜空を見上げて、流れ星とは違い、比較的緩やかに直線的に動いている光が見えたら、人工衛星と思っていただいてほぼ間違いありません。場合によっては、太陽電池パネルなどの反射の角度によって、緩やかに明滅することもあります。ちなみに、緑と赤の2つが点滅していたら間違いなく飛行機です。静止していた光が動き出したと思ったら、視線方向に飛んでいた飛行機などが曲がって移動しているところでしょう。

話を戻して、人工衛星は「ずっと飛んでいる」イメージがあるかもしれませんが、どちらかというと「ずっと落ち続けている」と言えます。考え方は簡単で、壁などの遮蔽物がない場所でボールを強く投げると遠くの地面に落ちます。もっと強く投げるともっと遠くに落ちます。それでは、山頂あたりから地平線を超えるくらいまで遠くに投げられると考えるとどうなるでしょう。空気抵抗を無視することができれば、ボールが地面に着く前に地平線を超え、地球が丸いため、地上に落ちることができずに地球のへりに沿って飛び続けることになります。これは、実際に人工衛星が打ち上げられるより300年ほども前に、ニュートンが万有引力の発見をした時にすでに予測されていました。

人工衛星が地球に落下しない理由。地球を一周する軌道が人工衛星。地球の重力を振り切るくらい強く投げると宇宙空間に飛び出せる

米ソ冷戦時代の宇宙開発競争

このように、意外とシンプルな理屈で人工衛星は地球を周回しています。ただし、この「ものを遠くまで投げる技術」というものは、大陸間弾道ミサイルなどといった、軍事応用も可能な技術の延長にあります。そのため、この宇宙開発技術については、歴史的な側面として、国

と国との間での開発競争が発生しました。その中でも重要なのが、第2次世界大戦、終了後の1950年代後半から1970年代初頭まで続いたソビエト連邦（現ロシア）とアメリカ合衆国の宇宙開発競争です。今でこそ宇宙開発と言えばアメリカのNASAが有名ですが、人類最初の人工衛星は、ソ連が開発したスプートニク1号です。その後、ボストーク1号によりソ連は初めての有人宇宙飛行を成功させ、ガガーリンが語ったとされる「地球は青かった」という言葉はあまりにも有名です。開発競争が始まった当初、ソ連より優位にいると思っていたアメリカでは陸軍・海軍・空軍それぞれが宇宙開発を行っていましたが、「スプートニク・ショック」により自信を打ち砕かれ、その方針を変える必要に迫られました。そして、バラバラに開発していた3つの研究を一元化し、1958年に宇宙開発を専門に行う組織として「アメリカ航空宇宙局（NASA）」が誕生しました。それからしばらくはソ連の優位は続きますが、「アポロ計画」により地位が逆転します。アポロ計画による月探査は次の節でご紹介します。

その後、アメリカはスペースシャトル計画や惑星探査計画を次々に実施します。その中には、地球外知的生命体へのメッセージを載せたパイオニア10号（1972年）／11号（1973年）や、ボイジャー1号／2号（どちらも1977年）などの打ち上げもあります。2012年にはボイジャー1号が太陽圏を脱出したことがニュースにもなり、2018年にはボイジャー2号も太陽圏を脱出しました。

ここで言っている「太陽圏」というのは「太陽系」とは少し違います。「太陽系」とはどこまでを指すのでしょうか。一般的には太陽の重力圏内という考え方をしますから、冥王星よりはるか遠く、彗星の巣と言われる「オールトの雲」あたりまでを太陽系と言うことがあります。

一方、「太陽圏」は、「太陽風」と呼ばれる電荷（電気量）を帯びた粒子の影響圏内ということを示しています。ここを超えたため、ボイジャー1号は、太陽の重力圏内ではあるものの、太陽風の影響はほぼなく、いわゆる星間風の中を現在もオールトの雲へ向かい進んでいます。ちなみに、ボイジャーがオールトの雲に到達するのは2300年ごろで、完全に通過するのは3万年ほどかかるそうです。

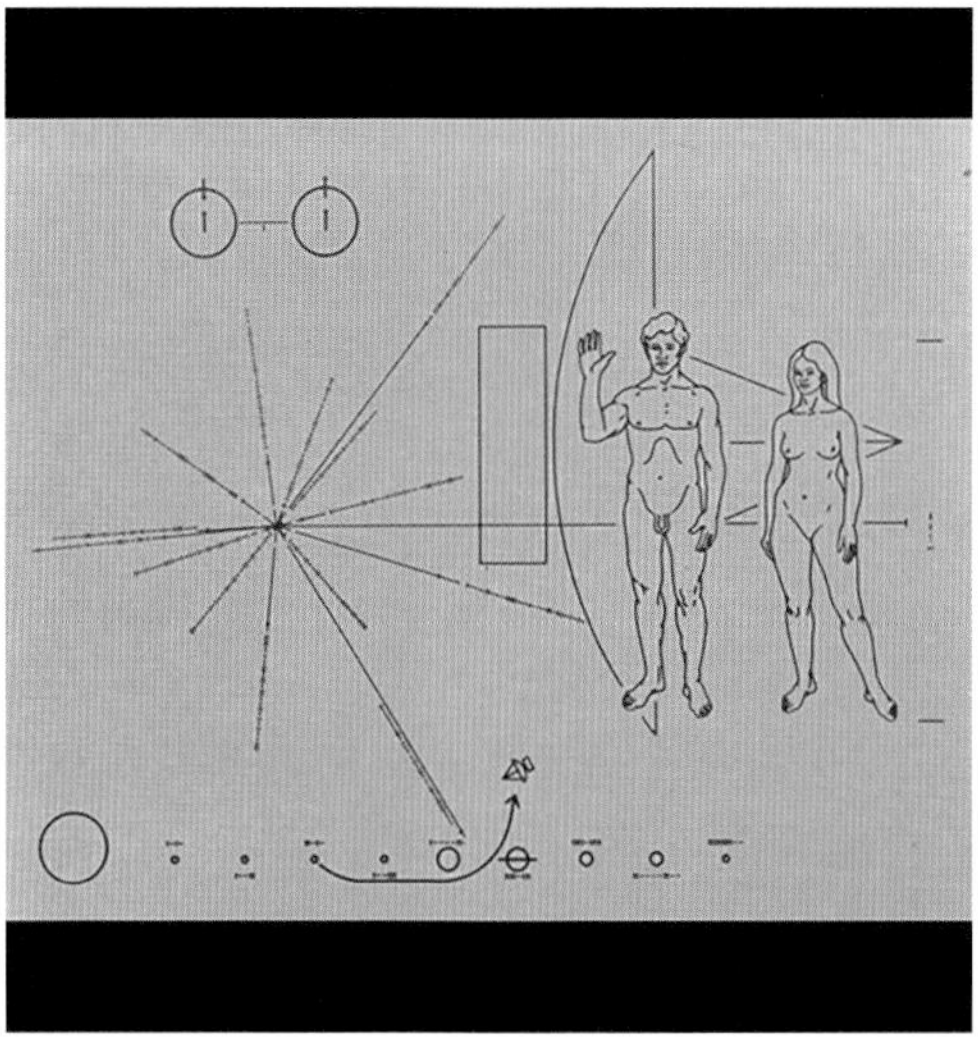

探査機に載せられた金属板、人類からのメッセージ。人類と探査機の形、太陽系やパルサーから太陽系の場所などが示されている。天の川銀河内であれば、太陽系の場所がわかる情報が記されている　©NASA

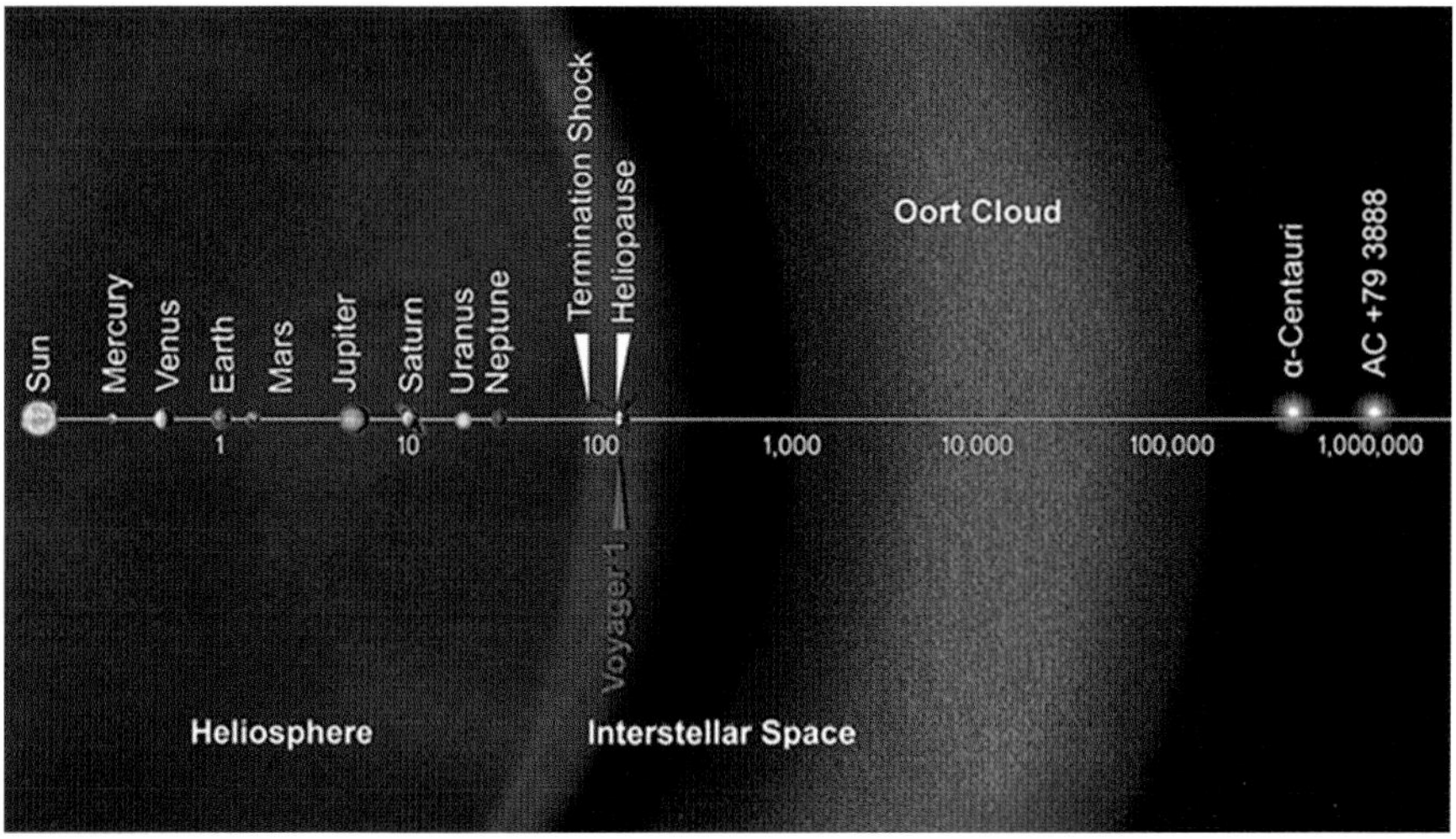

ボイジャー1号の位置（横軸の単位は「天文単位」。Heliosphereが「太陽圏」）
©NASA/JPL

月探査

アポロ計画

少し時間をもどして、アポロ計画について少しご紹介しましょう。1961年、当時のジョン・F・ケネディ大統領により、人類を月へ送り、安全に帰還させる計画としてアポロ計画が発表されました。最初の月面着陸は、1969年のアポロ11号によるもので、人類はこの時初めて月面に到達します。月面に初めて足を踏み入れたニール・アームストロング船長の「これはひとりの人間にとっては小さな一歩だが、人類にとっては偉大な飛躍である」という言葉は世界的に有名になりました。その後、アポロ13号を除き6度の月面着陸で12人の宇宙飛行士を月面に送り、1972年のアポロ17号で最後になります。アポロ13号は、地球から33万キロのかなたで支援船酸素タンクが爆発という事故に見舞われながらも、月でUターンし、乗組員3名が危機的状況を乗り越え、地上の管制塔と力を合わせて地球へ無事に戻ってきたことは映画にもなりました。アポロ13号は月面着陸には失敗したものの、この映画を見て科学者や宇宙飛行士、エンジニアに憧れた人もいます。

一方、少し前まで「月面着陸捏造説」のようなものがありましたが、疑惑が出るたびに反証されるということを何度も繰り返してきました。現在では着陸の跡が月面で見つかり、アポロ乗組員が立てた旗も観測されたりしていますから、そういった陰謀論めいたものも過去のものとなりつつあります。ちなみに、アメリカが国の威信をかけて建てた米国旗ですが、立っているのは確認されたものの、国旗としての色が残っているかは難しいそうです。地上でも、古い布は色あせ、白っぽくなっていきます。月面は大気がなく、地球上より紫外線が強く過酷な環境のため、旗の形が残っていたとしても、おそらく白くなっているだろうと言われています。宇宙開発競争で国同士の争いに巻き込まれた月ですが、現在では誰のものでもない月として真っ白な旗が立っているというのも、なかなか感慨深いものがありますね。

２０２０年現在、アポロ計画以降、有人での探査機は月へ行っていません。よく、「昔行けたのなら、今ではもっと簡単に行けるはずなのに、なんで人は月に行けていないの？」と聞かれることがあります。いろいろな答え方がありますが、まず一言で言うなら、「危ない」ということが言えます。人を送るためには、そのための安全性を高める必要があります。酸素や水、食糧など、生命を維持するために必要な準備が必要であり、月という直線距離で片道38万ｋｍという長い距離を、宇宙空間という過酷な環境で耐えられる宇宙船を作る必要があります。しかも、途中で迷子になっても簡単に救助には行けません。それらを踏まえ、人間が安全に行くことができるレベルで準備するためには、莫大なコストがかかります。さらに、科学技術の発達から無人の探査機でもできることが増えたので、そのような探査機によって調査が進められてきました。実際に、アポロ計画以降、各国の無人探査機が月を目指し、様々なことがわかってきています。

月を利用する時代に向けて

ここで、月についてわかっていることについてご紹介しておきましょう。月はもちろん私たちの住む地球を周回している唯一の天然の衛星です。その大きさは平均の直径が３４７４ｋ mで、地球の約1／4になり、太陽の約1／400になります。また、地球から月までの距離は約38万kmで、これは地球から太陽までの距離の約1／400になっているため、月と太陽の見かけの大きさはほぼ等しくなります。そのため、太陽が完全に隠れる皆既日食やリングのように見える金環日食が起きる理由にもなっています。月の表面は、「高地」（もしくは「陸」）と呼ばれる白っぽいところと、「海」と呼ばれる黒っぽく見える領域に分かれます。「高地」が白っぽく見えるのは、組成自体が「斜長石」と呼ばれる白っぽい岩石で構成されているためで、「海」が黒っぽく見えるのは、水があるため……ではなく、「玄武岩」という黒っぽい岩石で構成されているためです。この「海」は、隕石の衝突などで月の内部から吹き出した溶岩が、クレーターの内側を満たすことで形成されたと考えられています。

日本からも2007年に月周回衛星「かぐや」が月の探査に行っています。かぐやは月周回軌道上からの観測と、月探査の技術開発を目的とした月周回衛星です。月の起源と進化を解明するためのデータ取得や月の利用可能性調査、月周回軌道上での技術開発を目的としています。「かぐや」という名前はもちろん、かぐや姫の昔話からとったものです。昔話でのかぐや姫は、育ててくれたお爺さんとお婆さんを地球に残して月に帰ってしまいましたが、この月周回衛星「かぐや」は、その名も「おきな」（お爺さん）と「おうな」（お婆さん）という2機の小衛星を連れて月へ旅立って行きました。

「かぐや」によって月面の詳細なマップや月表面の元素組成、鉱物組成、表面付近の地下構造や重力場などの観測を月全域にわたり行い、月周辺の環境計測も行い、これらで得られた科学的データは月の起源と進化の研究や、将来、月の利用の可能性を考える上で重要な情報となっています。「かぐや」は、2009年に月の表面に予定通り制御落下し、運用を完了しました。

また、月探査には、中国の「嫦娥計画」とい

月面に残された足跡 ©NASA

「かぐや」の観測イメージ図 ©JAXA

うミッションもあり、嫦娥（「じょうが」英語名は「Chang'e」）は中国の神話にある、月にまつわる女神です。いくつかの物語のバリエーションがありますが、少しだけご紹介しましょう。嫦娥の夫の羿（げい）は英雄として知られ、羿がいくつもの苦難ののちに手に入れた不老不死の薬を、嫦娥に話し、薬箱にいれて決して開けてはいけないと伝えます。羿がいないうちにこっそり開けてしまい、間違って全部飲んでしまいます。すると、体がどんどん軽くなり、ついには一人だけ月に昇ってしまい、そこで一人寂しく過ごすことになりました。地上にいた嫦娥が月に行ってしまうというこの物語（嫦娥奔月）のため、かぐや姫の物語（竹取物語）との関連もあるかもしれませんね。これらの物語についても、「アジアの星物語」（万葉社）にありますので、興味のある方はご参照ください。

今後の月探査においては、「かぐや」もそうでしたが、月の利用も視野に入れた技術開発もテーマの一つになっています。米国のアポロ計画は、月へのミッションを太陽神アポロンからとったのかと不思議でしたが、現在は月の女神の名に因んだ「アルテミス」計画というミッションもNASAの方で動いているようです。アルテミス計画は、3つのステージに分かれていて、2020年代半ばには、初めて女性を月へ送るミッションがあり、そこでの長期滞在や月を足掛かりにした火星探査計画という壮大な計画になっています。このミッションには、日本の宇宙航空研究開発機構（JAXA）も国際協力として加わることとなっています。このように、有人の月探査は将来計画になっているので、安全対策も含め、気軽に月旅行に行けるのはもう少し後のことになりそうです。

火星探査

SFや占星術で注目されてきた火星

将来計画でもターゲットに入っている火星ですが、「宇宙人」に関連することでは月より身近な存在かもしれません。第1章のところで少し触れましたが、火星からの侵略者といったSF作品など、火星は人々の注目を集めてきた天体です。「火星」という呼び名は古代中国の五行説に基づく呼び名で、学問上は「熒惑」（ケイコク）という名もありました。また、同様に赤っぽい恒星であるさそり座の1等星「アンタレス」は、中国の星座に対応する「星宿」で言うところの「心宿」に属しています。

火星がアンタレスに近づくことを、「熒惑守心」（ケイコク心を守る）と言い、不吉の前兆とされていました。火星の公転周期が1・88年なので、少なくとも2年に1回はどこかでさそり座に接近しています。毎年何かしら大きなニュースがあるので、単純に「熒惑守心」と解釈するのは早計でしょう。ちなみに、季節的に見づらいですが、2020年も火星とアンタレスが1月ごろに接近しています。ちょうど新型コロナウィルス（COVID-19）によるパンデミックが騒がしくなり始めた時期のような気もしますが、もちろん因果関係はありません。

このように、昔から注目を浴びている赤い星の火星ですが、まずは、火星について基本的な情報についてご紹介しましょう。

火星は、太陽系第4惑星で、地球より少し外側を公転している惑星です。大きさは赤道半径約3397kmで地球の半分程度、質量も地球の約1／10と小さな惑星です。質量が小さいため、表面での重力は地球の37％程度しかなく、大気密度は地球の1％以下です。一方で、太陽系内で最も高い山があり、オリンポス山という標高27kmの山もあります。太陽の周りを1・88年で一周し、火星のすぐ内側を公転している地球は、約2年2ヶ月に一度火星に追いつき、追い越します。ただし、火星の軌道は少し楕円になっているため、地球の軌道と火星の軌道との距離は一定ではありません。「火星大接近」というようなニュースを聞いたことがあるかもしれませんが、それは比較的地球と火星の軌道が近い位置で接近した時のことを言います。

ただ、実際に見える大きさで言うと、大接近ではおよそ24秒角（1度角の1／60の1／60の24倍）で、小接近では、およそ14秒角程度なので、肉眼で見ても「大接近」という感じはあまりしないでしょう。

火星探査機「マリナー」

火星については、これまでたくさんの探査機が調査を進めています。NASAのマリナー計画（マリナー4号1965年、マリナー9号1971年に火星到達）による探査機の画像から、以前言われていた人工的な「運河」はないということがわかり、クレーターと全体的に不毛な大地であることが明らかになり、火星に存在する「知的生命体」については終止符が打たれることになりした。その後、1970年代に打ち上げられた探査機バイキングによる火星探査でも、火星の表面の土から生命が存在すればあるはずの有機物が検出できませんでした。ただし、当時の探査機に搭載されていた検出器では、地球でも砂漠のように微生物密度が低いところでは、微生物を検出できない程度の感度しかなかったことがわかり、火星に微生物が存在するかどうか、正確にはわからない、ともなりました。一方で、第1章でもご紹介した火星隕石（ALH84001）に微化石と思われる鎖状構造が1996年に発見され、微生物なら生存するのではないかという期待が再燃しました。ただ、この構造は非常に小さく（1μm以下）、この構造は無機的に形成することも可能なため、生命の痕跡かどうかについて、決定的な証拠にはなりませんでした。

火星の生命については、期待しては打ち砕かれということを繰り返しては来ていますが、第5章で紹介する最近の研究成果では、太古の火星は生命に適した環境である可能性もでてきました。「最初の生命は火星から地球に飛んできた」といった仮説として、火星隕石などに原始的な生命が付着して地球に来たというものがあります。その場合でも、そもそもどのように生命が誕生するかもわからないので、生命の誕生について考えることは、地球であれ火星であれ必要なことになります。このように、生命が宇宙から来たという仮説を「パンスペルミア仮説」と言います。次はこの仮説についてご紹介したいと思います。

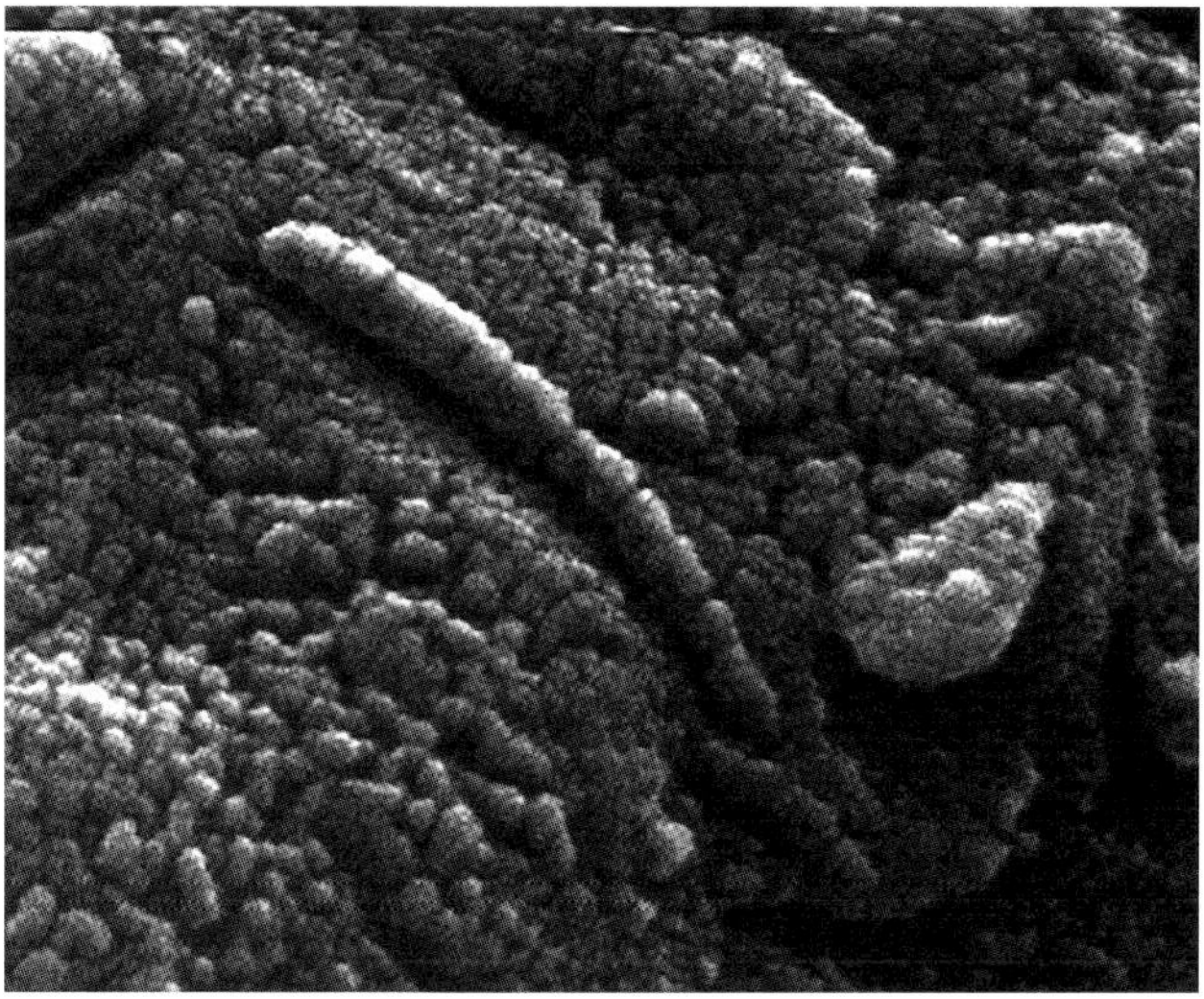

ALH84001に含まれる鎖状構造の電子顕微鏡画像
© D. McKay (NASA /JSC), K. Thomas-Keprta (Lockheed-Martin), R. Zare (Stanford), NASA

パンスペルミア仮説

生命は宇宙から降ってきたのか

生命の起源について前の章で「海底熱水起源説」と「陸上温泉起源説」についてご紹介しましたが、そのほかに、宇宙に生命の起源を求める「パンスペルミア仮説」というものがあります。火星から生命が飛来したという仮説も、パンスペルミア仮説の一つのバリエーションです。

最初にこの説を提唱したのは、スウェーデンの研究者であり、1903年のノーベル化学賞受賞者でもあるアレニウス（1859－1927）です。パンスペルミア（胚種広布説・Panspermia）とは、ギリシャ語で「pan（すべて）」と「sperm（胞子）」の意味となり宇宙空間に生命（胞子）が満ちているという仮説です。その生命の種が生育可能な環境に到達すると、そこで生命が繁栄するという考え方です。

当時は、まだ静的な宇宙観（膨張していない静止している宇宙モデル）が多くの人に信じられていたため、時間と空間にも始まりはなく、それと同様に、「生命にも始まりはなく宇宙に普遍的に存在していた」という考え方がこの仮説の背景にありました。アレニウス本人も、パンスペルミア仮説でもたらされる「生命の胞子」は非常に小さいと見積もっていたので、仮説の証明については悲観的でした。

この考え方は、「宇宙にも始まりがあり、原子や分子などの物質進化、その先に化学的な進化を経て、生命が誕生した」と考える現在の宇宙観や生命感とは異なるものです。そのため、原始的な生命が宇宙のどこかわからない所から飛来して、地球で繁栄したというSF的な生命の起源については、あまり科学的な検討はされていません。生命が宇宙から飛来してくる場合、その起源はどこで、どのようにして宇宙空間を移動してきたかを考えなければなりません。どのように生命が誕生したのかわからない状況で、その起源だけを考えるのは、物語としては面白いかもしれませんが、科学的な考え方ではないでしょう。まずは地球上での生命の誕生について見つけること。それができたら、同じ環境があれば地球以外の惑星でも生命の可能性を考えることができるようになります。

逆にSFなどで登場する、地球上の生命体では考えられないような「意識」の集合体のようなものは、少なくとも地球の生命とシステムが大きく違いますから、現時点ではそういった存在を「生命」と認識できません。生命の起源については、科学的に証明されたものを積み上げることで、生命の誕生に向けての研究を進めています。

一方で、宇宙から生命そのものが地球に届いたというわけではないけれど、地球の生命にとって重要なものが宇宙から飛来してきたという可能性は十分あり、そのための観測も進められています。そのための重要なものの一つは、星が誕生する時の分子雲の中にある有機物の観測です。

星が生まれるとき、その周囲の原始惑星形円盤の中で惑星が誕生します。誕生したばかりの地球も地表が高温になっているため、材料となった有機物も隕石などに含まれた有機物もドロドロに溶かされ、二酸化炭素と水などになってしまいます。しかし、地表が冷えたあとに、隕石などに含まれる形で有機物が地球に辿り着き、生命の材料になったという考え方もあります。もちろんそれだけではなく、地球での化学進化がどのように進んだかを検証するための、有名な「ミラーの実験」（1953年）もあります。これは、原始的な地球環境を模した元素や放電現象を再現し、生命に関連した有機物を生成したという実験でした。このようにして、宇宙から飛来した材料と、それが地球環境での合成が進むことで生命の材料になったという考え方が現在の描像です。

生命のホモキラリティー

もう一つの謎として、生命のホモキラリティー（鏡像異性体が偏っていることを示す用語）についての問題があります。分子は、その構造が鏡合わせのような構造を持ち、重ね合わすことができない構造を持つものがあります。これを分子のキラリティーと呼び、アミノ酸には右手型（D体）、左手型（L体）の鏡像異性体が存在し、地球における生命で利用しているのは左手型のアミノ酸のみです。地球上の実験室でアミノ酸を生成する場合、どちらも同じ量だけ生成されます。にもかかわらず、地球上の生命のほとんどは左手型のアミノ酸を利用しています。地球上で、はじめから左手型のアミノ酸だけが豊富に存在していたとは考えにくく、まずは左手型のアミノ酸の小さな過剰が生じ、そこが増幅されたという考え方が主流です。その小さな右手型、左手型の偏りがどこで生じたのかについては、地球内説と地球外説があります。ここでは、地球外説のみについて少しご紹介します。

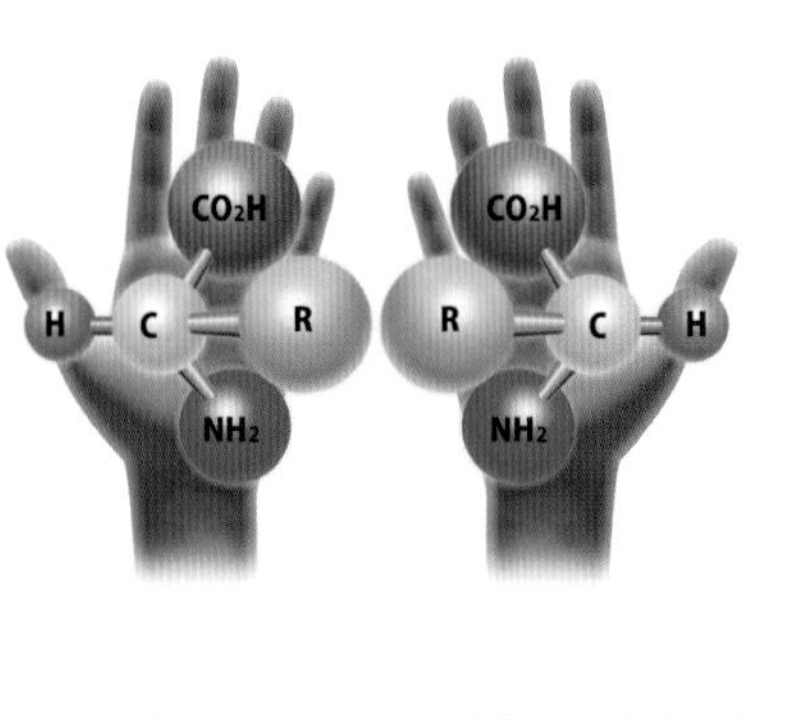

左手型と右手型キラリティーの例。同じ構造でも重なることができない「鏡合わせ」の構造

簡単に言うと、星が誕生する現場において、円偏光という性質を持つ紫外線が発生した場合、アミノ酸のキラリティーのうち片方を選択的に壊すという効果が知られています。実際に、星が生まれている現場でも、円偏光が観測されており、隕石の中に含まれていたアミノ酸の中で、左手型が優位であるという報告もされました。「この小さな偏りが、地球ができて冷えた後、隕石から持ち込まれた左手型過剰なアミノ酸が、その後の反応で生命に使われるほどに偏っていった」という可能性があります。これは、私自身が円偏光の観測を行い、星が誕生している場所の円偏光を検出したという思い入れもあり、天文学者の立場からすると期待したいところです。

生命の種は惑星間移動が可能か

このパンスペルミア仮説について、もう一つ研究が進められている側面としては、生命の種は惑星間移動が可能かどうかという点です。現

星形成の環境で生じたアミノ酸のキラリティーの偏りが地球に降り注ぐイメージ図 ©国立天文台

オリオン大星雲の星形成領域付近に広がる円偏光の分布。赤が右回り、黄色が左回りの円偏光の分布 ©国立天文台

在では、宇宙空間は生命にとってとても過酷な環境であることがわかっています。バクテリアのような微生物でも、宇宙空間で紫外線に晒されると壊れてしまいます。これまでに、様々な微生物の宇宙暴露実験が行われ、地球の微生物がどの程度、宇宙空間という過酷な環境で耐えられるかという実験もされました。第2章でご紹介した「たんぽぽ計画」も、地球の微生物が宇宙空間で耐えられるかの暴露実験をやっています。そのような実験の中で、放射線耐性をもつ細菌や、第2章でご紹介した「クマムシ」が乾眠状態なら惑星間移動は、岩石などに付着するなどで可能ではないかとの研究もされています。

そう考えた場合、最初の生命が太古の火星で発生し、火星隕石に付着して地球にたどり着きそこから地球の生命が誕生した……という可能性もゼロではありませんが、もし似たような環境が地球にもあるのであれば、地球で生命が誕生しないという確証もなく、隣とはいえ惑星間空間に偶然生命が飛ばされ、それがたまたま地球に死滅せず残り、そこから偶然知的生命まで進化したと考えるのは、さすがに仮定が多すぎという感じでしょう。

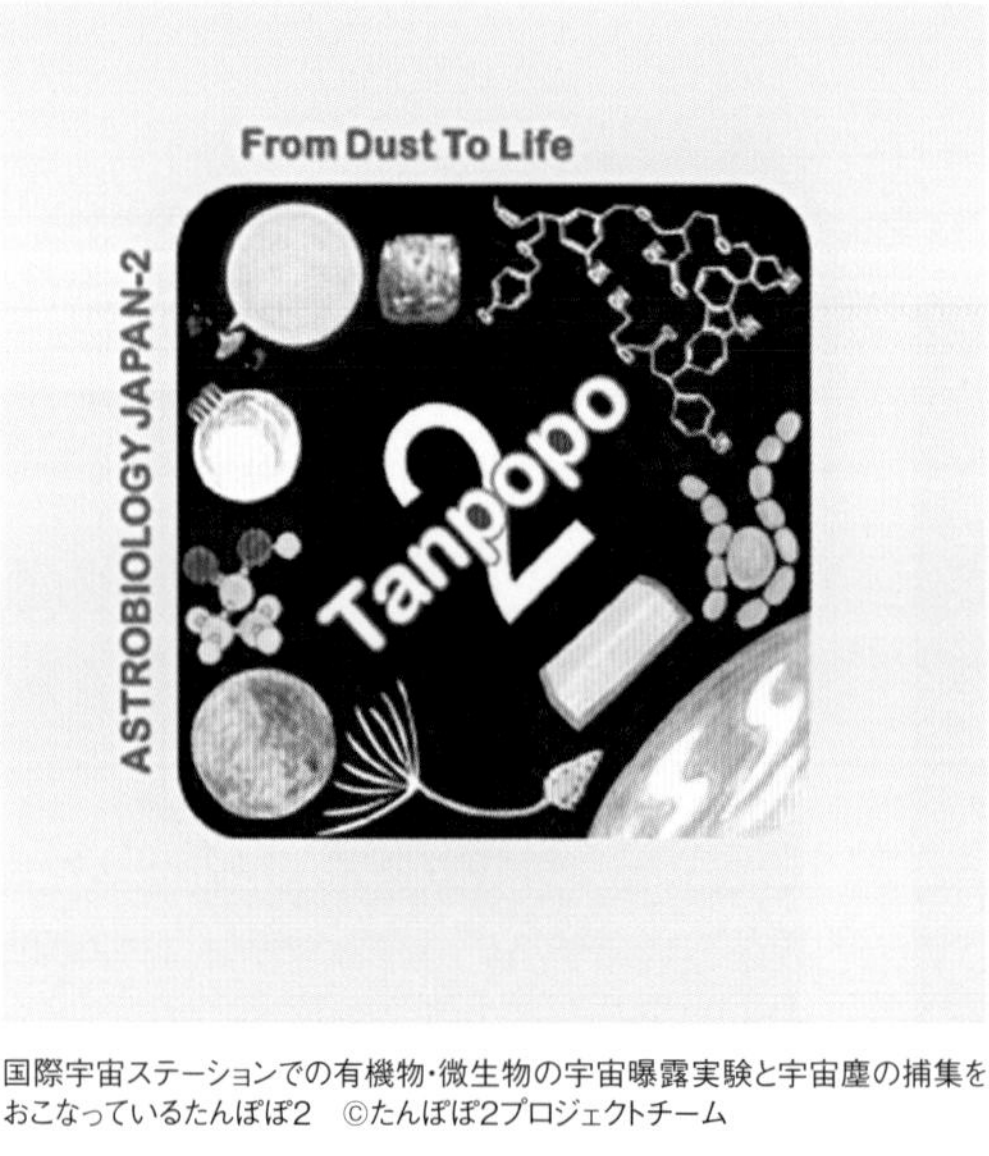

国際宇宙ステーションでの有機物・微生物の宇宙曝露実験と宇宙塵の捕集をおこなっているたんぽぽ2　©たんぽぽ2プロジェクトチーム

オズマ計画／SETI

地球外知的生命からの信号を探して

宇宙が神々の世界ではないということがわかった後も、この広い宇宙の中、他の知的生命はいるのかという問いは、魅力的な問いであり続けました。宇宙に行くことは難しくとも、もし、知的生命が人工的な信号をすでに発信していて、しかも受信されることを意識した信号があれば、それを受信することは地上からでも可能です。1959年、当時の通信技術でも、星間通信が可能であることがわかり、1960年にアメリカのフランク・ドレイクにより、直径25mの電波望遠鏡を用いた地球外文明からの知的信号探しが行われました。この「地球外知的生命探査」は〝Search for Extra Terrestrial Intelligence〟を略してSETI（セチ）として知られています。

地球上で飛び交っている電波には、様々な種類（周波数）の電波がありますが、大きく分けて、様々な天体から地球に届く「自然電波」と、放送局や無線などで使われる「人工電波」があります。SETIで見つけようとしているのは、「宇宙から来る人工電波」です。やることとしては、宇宙にパラボラアンテナを向け、ひたすら「それらしい電波」が来ないかを待つというもので、どの周波数で探すのか、こちらがちょうど受信できるタイミングで知的生命体が電波を送ってくれていないといけないなど、現実的には非常に確率の低い探査ではありました。

今でこそ様々な周波数の電波が検出可能ですが、当時は宇宙空間に多く存在する中性水素原子の出す波長21ｃｍ（周波数１４２０メガヘルツ）の電波だけが観測されており、１９６０年の探査では、この21ｃｍの電波で、２つの星に向けて宇宙からの信号を２００時間待ち続けるというものでした。この時の計画は『オズの魔法使い』にでてくる王女オズマから名前をとっています。オズの魔法使いは、日本でも比較的有名でドロシーという少女と脳が欲しいカカシ、心がほしいブリキのきこり、勇気が欲しいライオンが織りなす物語として有名ですが、オズマ姫という登場人物はご存知でしょうか。ご存知の方はこの物語のシリーズをよく読まれた方でしょう。『オズの魔法使い』は１９００年にライマン・フランク・ボームが書いた児童文学で、いくつかの続編があり、その物語の中で登場するオズマ姫の名前をとったようです。なぜ主人公のドロシーではなく、続編の登場人物の「オズマ姫」から名前をとったのかは、どうやら作品中に出てくる通信方法に由来したそうですが、気になる方はそちらの続編をご参照ください。ちなみに、この物語1作目の主人公から名前をとった「ドロシー計画」も２０１０年に世界合同ＳＥＴＩとして日本も参加して実施されました。

さて、最初に行われたオズマ計画ですが、そのターゲットとなった星は、「くじら座タウ星」（τＣｅｔ）と「エリダヌス座イプシロン星」（εＥｒｉ）です。これらの天体は太陽と比較的似ている天体なので、地球のような惑星があるかもしれないと期待されたためですが、残念ながらこの時の観測では人工的な信号は捉えることができませんでした。

当時は１９９５年の系外惑星発見より35年も前なので、実際にそこに系外惑星が存在するかは全くわかっていませんでしたが、現在ではそのどちらも系外惑星を持っていることが知られています。しかも、エリダヌス座イプシロン星には、系外惑星だけでなく、塵でできた円盤（ダスト円盤）もあることもわかっています。また、くじら座タウ星には、複数の系外惑星が存在することがわかっています。しかも、くじら座タウ星には、液体の水が存在する領域に岩石惑星があると考えられ、現在も注目されている天体です。当時はそこに系外惑星があることもわからなかったとはいえ、なかなかいいターゲットでした。

それでもその系外惑星からの電波を捉えられなかった理由としては、「たまたまその時は地球に向けて電波を送っていなかった」「その惑星で電波を使えるほど技術力が進歩していなかった」「知的生命にまで進化した生物が存在しなかった」「そもそも生命が存在していない」というくつかの要因が考えられます。そのため、知的生命からの電波を捉えるという試みは、見つかればすぐ知的生命の存在がわかる一方、電波を捉えられなくとも生命が存在しない証拠にはなりませんでした。

オズマ計画以降、様々なプロジェクトでSETIを実施しましたが、調べる周波数的、空間的パラメータがどちらも多く、現在までに確たるシグナルを得たという報告はほとんどありません。また、その膨大な量のデータを解析するため、SETI@home（セチ・アット・ホーム）というプロジェクトもありました。これは、1999年に実施されたもので、インターネット上に接続されたマシンを利用し、ネットワーク上のマシンの空き時間を利用させてもらい、SETIのデータ解析を手伝うというものでした。これは、いわゆる分散コンピューティングと呼ばれる技術の先駆けでした。今日ではビットコインに代表される暗号通貨のマイニングなど、分散コンピューティングを用いたプロジェクトも増え、一般ユーザーのマシンのCPU時間を取り合う形となり、2020年3月末で、ひとまず終了ということになりました。

地球から未知の生命への発信

ここまでは、いわゆる受動的ＳＥＴＩ(Passive SETI) と言われますが、逆に地球から未知の生命にメッセージを送る能動的ＳＥＴＩ (Active SETI) というものもあります。物としては、パイオニア探査機に載せた金属板やボイジャー探査機に載せたゴールデンレコードですが、電波でも過去に何度かメッセージが送られています。その中で有名なものとして、「アレシボ・メッセージ」があります。このメッセージは、１９７４年に同じくアメリカのフランク・ドレイクを中心としたグループによって作られ、地球から2万５０００光年の距離にあるヘルクレス座球状星団M13の方向に送信されました。73行23列のビットで構成されたこのメッセージには、太陽系の概要・地球の位置・ＤＮＡの構造、人の形状、数字、水素・炭素など生物学的に重要な原子・電波望遠鏡の情報が含まれています。

これらについては、いくつか問題点が指摘されています。含まれている星の数が多いのでM13を選択したようですが、そもそも宇宙の進化的に考えると、そこに生命がいる惑星がある可能性が低いということ、片道2万５０００光年なので万一受け取って直ぐ返信してくれても、５万年後ですから、技術的なテストという意味合いの方が強いようです。また、そもそも「宇宙人にメッセージを送る」という行為そのものが、それこそSF映画のように「侵略されたらどうするんだ」という意見もあり、今後も宇宙にメッセージを送る時は、この点をどう考えるかについても検討する必要がありそうです。ちなみに、このアレシボ・メッセージは、「知的生命なら解読できるはず」という前提で作成されたものだそうですが、地球上で何も知らない人がこれをみて解読できたという話は、今まで聞いたことはありません。

フェルミのパラドックスとドレイクの方程式

地球外文明の存在の考察

次に、観測とは少し違いますが、地球外文明の存在可能性についての考察もおこなわれ、「フェルミのパラドックス」や「ドレイクの方程式」などが知られています。「フェルミのパラドックス」は、1950年ごろ、物理学者のエンリコ・フェルミが「彼らはどこにいるのか？」という疑問を発したところから始まりました。当時考えられていた宇宙の年齢と、恒星の数を考えると、この宇宙に地球のような文明がいくつも発生する可能性があり、「文明が進めば宇宙へ乗り出していると考えられる。ならばなぜ彼らは地球に来ていないのか。もしくはなぜその証拠が見つからないのか」というものでした。当時の科学者も、いわゆるUFOが宇宙人の乗り物とは考えていませんでしたが、当時UFOが話題になっていたこともあり、これらの考察がSFなどの作品に反映されたりしました。そのような社会的背景が1960年のオズマ計画が実施される要因の一つだったのかもしれません。せっかくなので、フェルミのパラドックスについて、少しご紹介しましょう。完全にSFのようなものから意外と現実的にありそうなものまで、バリエーションに富んだ考察がされているようです。

典型的なSF的な仮説では、『宇宙人はすでに地球に到達しているが、発見されていないだけ』というものがあります。いわゆる陰謀論のような仮説ですが、このアイディアはSFとしては面白いので、SF映画などで時々モチーフになっています（『メン・イン・ブラック』など）。

次の仮説もSF色が強めですが、『過去に宇宙人は到達しているが、最近は到達していない』というものもあります。宇宙人の痕跡が、遺跡などに残されていると言われたり、「オーパーツ」（OOPARTS: Out-Of-Place ARTifactS, 場違いな工芸品）がその証拠だとか言われることもあるようです。これもよくSFのモチーフによくなるものです。オーパーツの真偽は別にして、進化論を信じたくない人にとっては魅力的な仮説なのかもしれませんね。

少しずつ科学的な考え方に近づきます。次は『宇宙人は存在するが、なんらかの制限や意図があり、地球に来ていない』というものです。これは、「宇宙人は引きこもりなので他人に興味がない」というものや、「宇宙人が地球に行ったら地球が大混乱するから行かないようにしよう」という良心的（？）なものまでさまざまです。この仮説のうち一番ありそうなものは、「向こうの惑星でも宇宙人探しをしているけど、まだ地球が見つからない」というものでしょうか。この点では、地球でもSETIで地球外の文明を見つけていないので、同じ状況とも言えます。見つけた後にどうするか、もしかしたら「向こうの惑星」でも地球と同じように、メッセージを送るべきかどうか、地球の文明が安全なものなのかなど、議論されているのかもしれませんね。

だんだんと現実的な仮説になっていきます。次は『恒星間空間に進出したけれど、地球にたどり着くまでの進化・技術的発展までたどり着かない』というものです。この仮説の一つの側面としては、進化しきったものは絶滅するという考え方で、そのため恒星間空間を航行できる技術を得る前にその文明は崩壊するという仮説です。ここまでくると単純に科学の問題だけではなく、宇宙での人類学や社会科学のような見方になってきます。地球文明で考えるとなかなかシュールな仮説ですが、この仮説を否定するためにも地球では地球環境の維持とともに長い期間文明を維持する必要がありますね。

最後はもっとも悲観的な考え方で、『この宇宙には地球外生命は存在しない』というものです。存在しないものは来ない。一番単純でわかりやすい解釈ですが、この宇宙に生命が我々だけというのも、なかなか切ない解釈です。でも安心してください。「この宇宙」というのが意外に限定的で、私たちが見ることができる宇宙よりさらに広範囲に宇宙は広がっていることが現在では知られ、さらにはこの宇宙は唯一（ユニバース・uni-verse）ではなく、たくさんある（マルチバース・multi-verse）という理論も考えられています。そう考えると、もし私たちが見ることのできる範囲で知的文明が私たちだけだったとしても、無数の宇宙には他にも知的文明を持つ生命はいる可能性が広がります。もし違う宇宙に文明があったとしても、コンタクトすることも、その存在をお互いに知ることもほぼ不可能だとは思いますが。

地球外文明の考察は、このように玉石混合といった状況ですが、天文学だけでなく、生物学も含めた「アストロバイオロジー」のような学際分野が出てきたため、これらを科学的に検討することが可能になりつつあります。もしかしたら、そのうち宇宙人類を含めた社会学のような分野も出てくるかもしれませんね。

地球人に接触を図ろうか悩む宇宙人たち（※イメージ）

ドレイク方程式の「宇宙人の存在の可能性」

さて、この種の問題はフェルミが初めて考えたわけではありませんが、彼はこの問題を「宇宙人の存在可能性」にのみに絞ったところに特徴があります。最後に宇宙人の存在可能性について定式化した「ドレイクの方程式」について少しご紹介しましょう。オズマ計画を主導したフランク・ドレイクによって定式化された次のようなものです。

$N=R^{*}\times f_p\times n_e\times f_l\times f_i\times f_c\times L$

変数がたくさんあって、もしかしたら難しく見えるかもしれませんが、方程式というほど仰々しいものではなく、単純にそれぞれの確率や個数をかけただけのものになります。それぞれのパラメータの意味は以下です。

N：天の川銀河の中で地球と交信可能な文明の数

R^{*}：天の川銀河の中で1年間に誕生する恒星の数

f_p：恒星が惑星系を持つ割合（確率）

n_e：惑星系が持つ、生命を宿しうる惑星の平均数

f_l：惑星において、生命を宿す割合（確率）

f_i：生命が知的なレベルまで進化する割合（確率）

f_c：知的生命が星間通信を行う技術を獲得する確率

L：知的文明が、宇宙に検出可能な信号を出し続ける時間（知的文明の存続期間）

これらにそれぞれの推定値などを入れることで、私たちの銀河である天の川銀河に、コンタクトする可能性のある地球外文明の数（N）を推定する方法です。1961年当時のドレイクが入れた値は次の値です。$R^{*}=10$／年（恒星の個数と寿命の割合から年間10個誕生）、$f_p=0.5$（当時、証拠はないが半分の恒星は惑星系をもつと推定）、$n_e=2$（太陽系の場合、地球と

火星を想定）、f_l＝1（地球、環境が整えば必ず生命は誕生すると仮定）、f_i＝0・01（誕生した生命を持つ惑星100個に一つは知的生命まで進化すると仮定）、f_c＝0・01（知的生命100個に一つは星間通信可能と仮定）、L＝1万年（1万年その文明は絶滅せず継続すると仮定）。これらを当てはめると、10×0.5×2×1×0.01×0.01×10,000=10（個）となり、天の川銀河のなかで地球とコンタクトの取れる知的生命は10個あると推定していました。天の川銀河の大きさは、直径にしておよそ10万光年ほどの棒渦巻銀河なので、その中で10個となると、オズマ計画を主導したドレイク本人も、分が悪い観測だったことはわかっていたと思います。それぞれのパラメータは研究者によって解釈が異なったり、現在では系外惑星の発見も手伝い、ある程度、科学的な根拠を持って当てはめられるものも増えてきました。その中でも、生命発生の条件などはこれからの研究が待たれるところです。

このパラメータで、確実にわからないのが、〝L〟に相当する知的文明の存続期間です。私たちがまだ滅びていないので、この値は決定的にわかりません。地球の人類が、地球外からの電波の存在に気がついたのが1932年のカール・ジャンスキーによる発見で、それからまだ100年足らずしか宇宙に電波望遠鏡を向けてはいません。宇宙人とコンタクトをとりたいのであれば、地球の文明を可能な限り長く存続させる必要がありそうですね。

ちなみに、現在のドレイクの方程式の値としては、多少解釈が変わるなどして、確定的なものがあるわけではないですが、以下のような見積もりがあります。生命を育むに足る年数安定な恒星の割合f_sを追加して、R^*＝1.25個／年、f_s＝0.3、f_p＝0.5、n_e＝0.5、f_l＝1、f_i＝0.1、f_c＝1、L＝1万年とするとN＝90個程度となります。あなたは、この値をどう思いますか？

系外惑星への挑戦

半世紀続いた、系外惑星探査の苦難時代

ここまで、オズマ計画に始まるSETIや、フェルミのパラドックスからドレイクの方程式についてご紹介しましたが、これらは地球外知的生命を直接とらえるための計画や可能性についての検討です。もちろん、これらの計画が始まる前から、そういった知的生命が存在する可能性のある惑星を、太陽以外の恒星の周囲を探査する計画も存在しました。きちんとしたチームによる探査としては、1938年にアメリカのピート・ファンデカンプによる、太陽近くの恒星の周囲に惑星がないか、位置天文学（後述のアストロメトリ法）の技術を用いた探査プロジェクトがあります。

2020年現在でも、系外惑星の発見数は4000個を超えていますが、そのほとんどは間接的な観測方法によるものです。惑星は恒星と違って自分では光らないため、極めて暗い天体です。金星や火星や木星などが明るく見えるのは、あくまで同じ太陽系の仲間であり、惑星を照らしてくれる光源となっている太陽が近くにあるためです。第2章で簡単に触れましたが、太陽を10cmの球とした場合、15mほど離れたところに1mmの地球があり、すぐお隣の恒星は中国大陸に存在するというスケール感です。系外惑星探査は、近いところでも、この1mmの地球上から、中国大陸にある数cmの恒

星のすぐそばにある、自分で光らない数mmの天体を探すということになります。しかも、太陽系の場合、地球から見ると、太陽は惑星を光らせてくれるちょうどよい光源となっていますが、系外惑星の場合、主星となっている恒星がまぶしすぎるため、そのすぐそばにある暗い天体を発見することは極めて難しくなります。1938年当時も、その困難さはわかっていたため、間接的な手法による探査が数十年にわたって進められました。

その後、この系外惑星探査は半世紀もの間、苦難の時代となります。科学は可能な限り主観を排除し、普遍性を見出すことを目的にしていますが、それを研究しているのは人間であるため、実に人間臭いエピソードも多くありました。このエピソードについては、まさにその現場にいた方の著書（『異形の惑星』井田茂著）があるので、そちらをご参照ください。

この時代、系外惑星探査というのは天文学の中でもマイナーな分野であり、1995年まではこの分野の研究者がほとんど顔見知りという状況でした。その中で、系外惑星初検出をめざし、観測を進めていたわけですが、その結果、いくつかの系外惑星発見のニュースが出るたびに、他の望遠鏡の検証により否定されるということを何度も繰り返す、という状況でした。

その一つが、ファンデカンプが1969年に報告したものです。「バーナード星」という、太陽に近い恒星の周りに、木星のような惑星があると報告されたものでした。バーナード星は、「赤色矮星」と呼ばれる、太陽より小さく温度の低い天体で、表面温度は約3000度と太陽の表面温度6000度と比べて半分程度の温度です。ファンデカンプは、このバーナード星の位置が周期的にわずかに揺れているのを観測したとして、その原因は周囲の惑星の重力によるものと考え、系外惑星を発見したと報告しました。

しかし、その後の観測で、他の望遠鏡では同じ現象を確認できず、ファンデカンプが用いた望遠鏡の機械が引き起こすわずかな動きを惑星と見間違えたものということがわかり、後に否定されることとなります。この間違いを指摘したのは、当時大学院生だったジョージ・ゲートウッドでした。大きなプロジェクトを率いて数十年の観測の結果、満を持して系外惑星初検出の報告をした、アストロメトリの第一人者の成果を若手が否定するには勇気が必要だったかもしれません。ただ、彼が否定しなくとも、他の誰かが別の望遠鏡で検証できないということに気づけば、どこかで否定されることになったことでしょう。こうして、一時期は教科書にまで載ったバーナード星の系外惑星については、後に削除されることとなりました。このように、科学的な間違いというものは、科学的なプロセスによって修正され、現代の科学はそのようにして構築されています。

ファンデカンプのバーナード星の系外惑星発見の約50年後、2018年、同じくバーナード星に系外惑星が存在するという報告がされました。ただし、これはファンデカンプが発見したと主張した木星型の惑星ではなく、スーパーアースと呼ばれる岩石惑星であったため、「彼が見つけたものが再発見された」というものでは

パルサーとその周囲の系外惑星の想像図
©NASA/JPL-Caltech/R. Hurt(SSC)

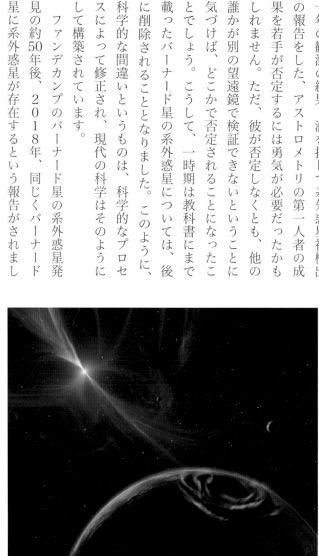

はなく、「彼が見つけられなかった系外惑星が近年の研究により新たに発見された」というものになります。

その後、1990年代初頭までは目立った成果はありませんでしたが、1992年に電波望遠鏡による観測から、「パルサー」という天体周りの系外惑星の存在が報告されました。ただし、当時は太陽のような、いわゆる普通の星（主系列星：中心部で水素の核融合をしている段階の恒星）しか惑星を持たないと考えられていました。パルサーの正体は、星が寿命を終えて超新星爆発を起こした後に残る中性子星です。そのような天体の周りに惑星が存在するのか当時はわからず、この天体が系外惑星の初検出とはなりませんでした。

系外惑星の初検出

一方、アストロメトリとは違う観測法で観測精度を向上させ、1980年から12年にわたる長期観測を行ったゴードン・ウォーカーは、1995年の夏、太陽に似た21個の恒星の周りに「木星程度の質量の惑星は存在しない」と結論づけました。そして同じ年の秋、スイスのミッシェル・マイヨールとディディエ・ケローにより、ペガスス座51番星という太陽と似た恒星の周りに系外惑星発見の報告がなされました。この結果が決定的なブレイクスルーになり、系外惑星分野が大きく進展することとなりました。これは、アストロメトリ法で系外惑星探査に尽力したファンデカンプが亡くなったわずか5ヶ月後のことでした。

これが系外惑星の初検出と認識され、この成果によりマイヨール博士とケロー博士は2019年のノーベル物理学賞を受賞します。このようにして、多くの巨匠たちの努力と栄光と絶望を経て、系外惑星の研究に向けた光明を手に入れることになりました。このあと、具体的な検出方法などについてご紹介して行こうと思います。

Wow! シグナル

「Wow! シグナル」とは、1977年にアメリカ・オハイヨ州のビッグイヤー電波望遠鏡で進めていたSETI計画において発見されたシグナルで、天文学における未解決案件の一つとも言われています。オズマ計画で探査された中性水素の周波数帯で、狭い周波数に集中した強い信号が検出され、太陽系外の地球外生命によって送信されたと話題になりました。検出した場所は、いて座の方向で、72秒間に渡りこの電波を観測することに成功しました。この観測をしたジェリー・R・エーマンは、この観測結果を見て驚き、シグナルを示す該当箇所を赤で示し、「Wow!」と書いたことにより、「Wow! シグナル」として広く知られることとなりました。このシグナルは、1997年のSF映画『コンタクト』の元ネタで、この映画自体がSETIプロジェクトをモチーフとした映画です。

このシグナルの印のついている"6EQUJ5"というのは、何かの暗号のようですが、その時間ごとに信号の強度を示しています。それぞれの文字の場所が、対応する時間や周波数が分かれており、10キロヘルツごとに次の列になることから、狭い周波数帯に高いシグナルが集中していることがわかります。強度に応じて1~9と大きくなり、それ以上はA・B・Cと大きくなります。検出されたところは、そこ以外の雑音とくらべて、30倍以上31倍未満("U"の部分)という信号強度が得られています。この信号の周波数は、恒星間の通信で使用されると考えられる中性水素の周波数に非常に近いものでした。

ビッグイヤー電波望遠鏡は地上に固定されており、天球上にある一点を、地球の自転に伴い観測することになります。地球の自転速度とこの望遠鏡の観測範囲では、宇宙からのシグナルは36秒かけて強まりピークを迎え、同じく36秒で弱くなっていくと予想されていました。実際に観測されたシグナルも、72秒ほどの持続時間と、予想された強度変化を持っていたため、地球外からのシグナルであると考えられます。そのため、この「Ｗｏｗ！　シグナル」は地球外の知的生命体からの信号ではないかと大いに話題になりましたが、その後、同じ領域を何度となく観測しても、同じシグナルは検出されず、その起源は不明のまま、天文学の未解決事件としてしばらく名を残すことになりました。

　その後、「Ｗｏｗ！」と書いたエーマン氏本人も「地球外生命によるものではない」という立場をとったこともあり、21世紀に入っても原因がわからないままでした。しかし、２０１６年に、Ｗｏｗ！　シグナルの観測領域付近を移動していた彗星がその電波源ではないかという報告がありました。その彗星は「266P/

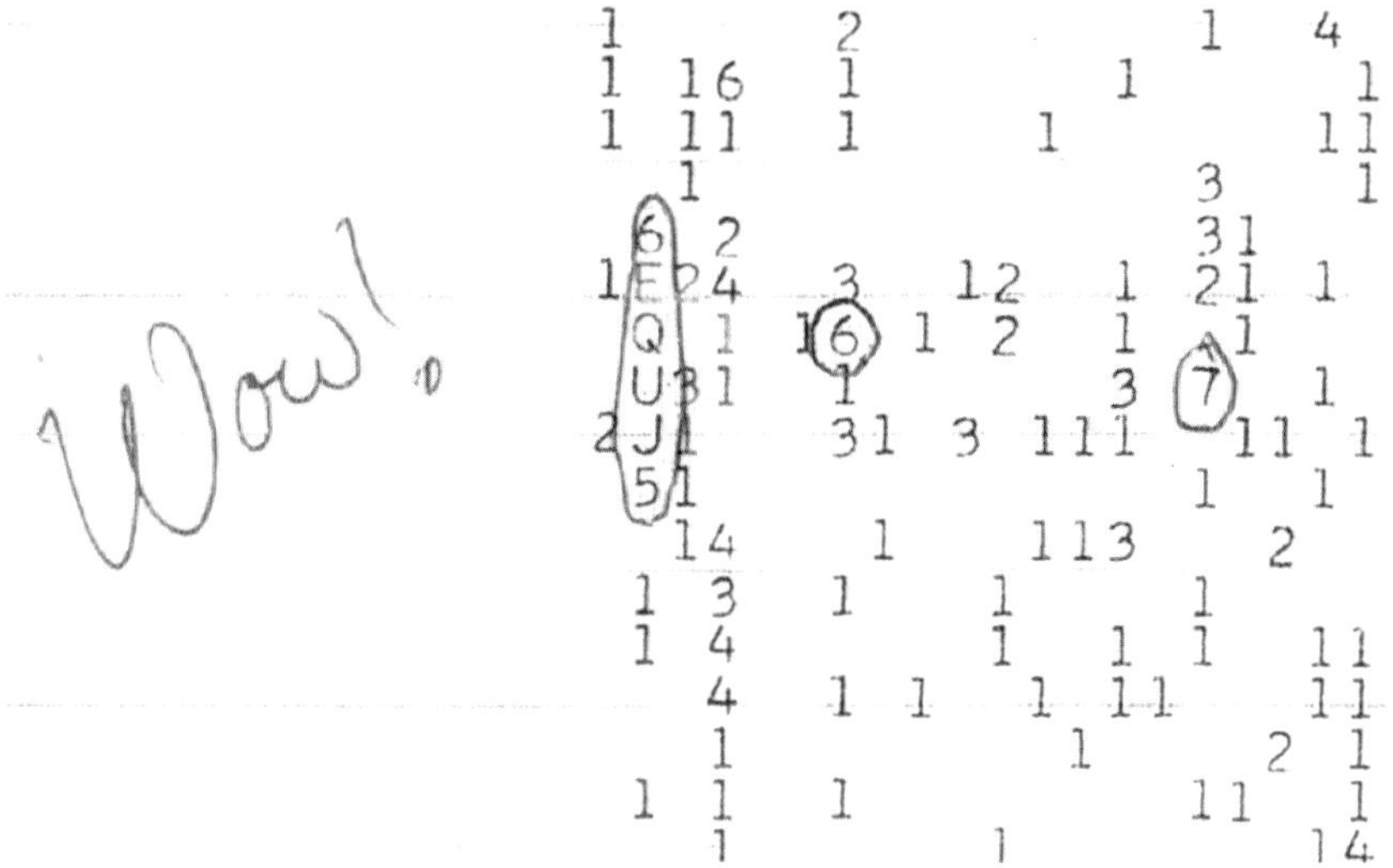

「Wow!　シグナル」のもとになったプリントアウトされた信号とエーマンが残したメモ。赤い丸で示したところが強い信号を示す
©Big Ear Radio Observatory and North American AstroPhysical Observatory（NAAPO）

Christensen」と「355P/2008 Y2（Gibbs）」という彗星です。彗星の中には、大きく分けて一度太陽に近づいて2度と戻ってこない「非周期彗星」と、楕円軌道で何度も太陽に近づく「周期彗星」があります。「Ｗｏｗ！ シグナル」の電波源と思われるこの2つの彗星は、遠くても木星軌道付近までしか行かないもので、周期的に太陽の周囲を回っています。これらの彗星は、「266P/Christensen」は２００６年、「355P/2008 Y2（Gibbs）」は２００８年に発見されたため、「Ｗｏｗ！ シグナル」が発見された１９７７年にはこれらの彗星を電波源として考えることはできませんでした。

この検証のため、アントニオ・パリスは「266P/Christensen」を複数回にわたり観測し、「Ｗｏｗ！ シグナル」と同等の電波信号を検出します。さらにその他の彗星からも似た１４２０メガヘルツの信号を観測できたことから、２０１７年の論文で「Ｗｏｗ！ シグナル」は彗星のもので、知的生命体からではなく、自然現象によるものだと発表しました。１９７７年の観測では、1回しか検出できなかったため、これが確実にそうなのかと言い切れるかは難しいかもしれませんが、現在までの新しい発見やデータベース、彗星の軌道などから考えると、「たまたま通りかかった宇宙船からの電波」と考えるより、「周期的に周回する彗星からの電波」というほうが説得力はあります。

「まだよくわからない現象」を見つけると、思わず宇宙人の存在を考えたくなるところですが、研究者のスタンスとしては、「見たことのない宇宙人」より、「まだ解明されていない現象」を疑うというのが最初の考え方です（それより先に疑うのが、観測ミスだったり装置由来のエラーだったりしますが）。もちろん、それらを潰していった上で、生命の可能性を科学的に考察できるようになるため、様々な理論や考察、観測を進めています。

第4章

ハビタブルな系外惑星は存在するのか

観測装置の発展

天文学者は白衣で望遠鏡を覗いていない

第3章では、観測装置の発展も系外惑星の発見において重要なポイントとなったことをお話ししました。本章では、観測装置を使って天文学の学者がどのように天体観測をしたのか、また、どのようにその装置が発展してきたのかについてご紹介しましょう。

皆さんは、天文学者が観測をしているという と、どんな状況を想像しますか？ もしかしたら、白衣を着た研究者が望遠鏡を覗いているようなイメージ（図・天文学者が観測をしている様子？）をお持ちではないでしょうか。イベントなどでは、「研究者」としての目印代わりに白衣を着ることはありますが、それ以外では天文学者が白衣を着る場面はほとんどありません。白衣はそもそも危険な薬品などを浴びた時にすぐ脱げて、直接薬品が自分の体に触れないようにするためのものなので白衣を着て研究する状況はあまりありません。

一方で、装置開発の現場では、チリなどが装置に入り込まないようにクリーンブースに入り、ヘアキャップやつなぎなどを着て装置開発を進めるということはあります。代わりに白衣のようなざっくりしたものを着るケースがないわけではありませんが、少なくとも白衣を着て望遠鏡を覗くという状況は基本的にはありません。

現在、もし白衣で望遠鏡を覗いている天文学者がいたら、それは趣味で観望していると思っていただいてほぼ問題ありません。地域のイベントなどで観望会を開催する時は、天文学者が呼ばれて講演を頼まれ、ついでに望遠鏡を手動で操作して導入することもあります。しかし、小型の望遠鏡を手動で操作して天体を望遠鏡に導入するという技術は、現在では研究とは無関係なスキルです。さらに星座に詳しかったり神話に詳しかったりというようなことがあれば、その天文学者は昔から星が好きだった天文少年・少女が研究者になった姿だと思って良いと思います（私がそのタイプの研究者です）。

天文学者といっても、大学の進路の決定の際に物理を選んだだけで、望遠鏡を触ったこともなく、星座をほとんど知らずに天文学の分野で研究者になった人が半数以上でしょう。そういうタイプの天文学者は、星座や神話などではなく、純粋に物理現象として宇宙を解明するための研究をしていますから、天文学者はみんながみんな、星座に詳しいわけではないということにご留意ください。星座や、「今日の星空」などは科学館などの学芸員さん（できれば天文担当）に聞くほうが確実でしょう。

天文学者が観測をしている様子？

昔の研究者は画力も必要だった？

とは言うものの、もちろん望遠鏡を覗いて観測をしていた時代はありました。生物学や医学もそうですが、写真の性能があまり良くない時代では、科学者やお医者さんは自分の研究対象を自分の手で描いていかなければならないため、研究者には画力も求められていました。有名な画家であるレオナルド・ダ・ビンチは絵画だけでなく、自然科学の様々な分野に業績と手稿を残していますが、その中には解剖学で用いる骨格図や、子宮内の胎児が描かれたものなどもあります。望遠鏡を初めて作ったガリレオも、月表面の模様を自ら手書きで詳細に描いています。日本で望遠鏡をつくった國友一貫斎ももちろん手書きでスケッチを行い、金星の満ち欠けや太陽黒点などのスケッチを行なっています。

このように、当時の研究者は、「望遠鏡を覗きながら正確にイラストを描く」という画力も重要な研究のスキルの一つでした（この時代に生まれなくてよかった……）。

その後、カメラが開発され、性能も上がり、星という暗い天体を望遠鏡とカメラを組み合わせることで撮影することができるようになりました。最初は、デジカメやスマホのような手軽なものではなく、一眼レフカメラよりももっと大きな装置をくっつけ、ガラスの写真乾板をフィルムとして使っていました。そこで撮影した写真乾板をすぐに現像室に持っていき、その場で現像するということが行われていました。そのため、古いドームには現像室に使われていた部屋が併設されていたりもしました。現像室が遠くにあると、せっかく時間と手間をかけて撮影した写真乾板なのに、移動している途中で別の光で感光してしまったり、つまずいて転んでせっかくのデータを割ってしまったりということもあったでしょうから、なかなかに緊張感のある仕事だったと思います。

この時点で、研究者は望遠鏡と同じ場所にはいるものの、天体の導入以外で望遠鏡を覗くことがなくなり、スケッチをするという作業から解放されました。ただし、「望遠鏡を使って天体を導入する」ということが観測をする天文学者の重要なスキルの一つでした。

古代ギリシアの天文学者が定めた「等級」

天体の明るさである「等級」という単位は、望遠鏡やカメラができるもっとずっと前、古代ギリシアの天文学者であるヒッパルコス（紀元前190頃－紀元前120頃）によって最初に定められたとされています。最初の分類は、目安として最も明るい恒星を1等星とし、肉眼でかろうじて見える恒星を6等とし、その間を6段回に分けたものが始まりでした。その後、18世紀1等星は6等星のほぼ100倍の明るさであることが発見され、1856年にはイギリスのポグソンが「ポグソンの式」（解説コラム）によりこの等級差の定量的な定義を定めました。

定量的な明るさというものは、撮影する上で重要になります。6等星を1等星と同じ明るさになるように写真を撮る場合、100倍の時間が必要です。それぞれの星にはどのくらいの露出時間が必要かを決めるため、等級の情報は不可欠です。一方、写真乾板の上では星の明るさは星の大きさに直接反映されるものの、定量的な明るさを正確に調べることはできませんでした。そのため、2次元の像は捉えられなくとも、明るさのみを測定するための「光電子増倍管」というものを使い、星の明るさを計測（測光）していました。ですから、当時は写真乾板による撮像観測と、光電子増倍管による「測光観測」が相補的な関係になっていました。

その後、デジカメのようなCCDカメラが普及し、撮像したその画像上で測光が可能になりました。初期は「撮像測光観測」などと呼ばれていたそうですが、今では測光できるのが当たり前となっているので、単純に「撮像観測」という場合は、星の位置や明るさが測定できる観測という意味になっています。さらに、星の光をプリズムなどに通すことにより光を虹色に分け（分光）、星の性質を調べるための分光観測の技術も着々と進み、望遠鏡の性能の向上、CCDカメラの普及、分光装置の性能の向上を背景に、系外惑星が検出されることとなります。

ポグソンの式

星の等級と見かけの明るさの関係を定めた式。ｍ等級の星の見かけの明るさをｌｍ、ｎ等級の星の見かけの明るさをｌｎとしたとき、$m-n=-2.5\log(lm/ln)$となります。これにより、5等級の差は明るさで100倍の違いとなり、1等級の差は約2．512倍です。定量的に定義したのはよいのですが、伝統的なヒッパルコスの尺度を踏襲する形になっています。おかげで1等から6等の差は100倍と、一見わかりやすそうですが、1等星の明るさは2等星の約2.5倍というちょっとイメージしづらい差になっています。

位置天文学

「位置天文学」とは英語では「アストロメトリ」と言われます。これは、文字通り個々の天体の位置を正確に測定し、天体の運動などの研究を行う天文学の一分野です。この分野は古く、暦や星表（星の位置などのカタログ）を作るためにも重要で、自然科学の分野でも最古のものの一つと言ってもいいでしょう。この星表をもとに、様々な時代の星図などが作られてきました。いつごろに開発されたのか定かではありませんが、4世紀ころには天球上の星の角度を計測するため、「アストロラーベ」（図参照）とよばれる古代の天文学者（や占星術師）が用いた天体観測用の機器がありました。肉眼で見る大体の角度であればアストロラーベで測ることができたようです。計測の精度はともかく、古代の天文観測機器としてちょっと欲しくなるアイテムではありますね。

その後、1730年代に八分儀（はちぶんぎ）、六分儀（ろくぶんぎ）が開発され、それぞれ円を8等分、6当分にした角度まで、2つの視認できる物体の角度を測る観測装置が開発されました。これらは、船乗りが航海するための天測航法（陸が見えない外洋や空で、星を使って自分の船や飛行機の位置を決める航海術）にも用いられ、六分儀は天文台に設置される大型のものが誕生するなど、天体の位置精度が上がってきました。角度で言うのであれば、8等分（45度）や6等分（60度）より、4等分（90度）とかまであればもっといいのではないかと思われるかもしれません。四分儀（しぶんぎ）もしくは象限儀（しょうげんぎ）というもので、実は1200年代ごろの船乗りが使っていたという記録もあります。天体観測でも使われていたようですが、実用的には四分儀の90度までは必要なく八分儀の45度では少し狭く、六分儀の60度くらいにおさまったという状況かもしれません。

観測器具の星座と流星群

現在の88星座の中に、「位置天文学」でご紹介した観測器具をモチーフにした、「ろくぶんぎ座」や「はちぶんぎ座」があります。「はちぶんぎ座」は肉眼で見るには暗い南天の星座であり、天の南極がある場所にあります。「北極星」

六分儀
出典:ウィキペディアより

アストロラーベ　©Getty Images

に対する「南極星」と呼ばれるような星はないので、大航海時代に星を見て海を渡り、南半球を渡った船乗りたちが使った道標としては、適切な星座かもしれませんね。「ろくぶんぎ座」は日本からも見ることができる位置（春の空、しし座のすぐ下）にありますが、一番明るい星が4等星ですから、肉眼で見るには暗く、山奥などの空が暗いところに行かないと見つけるのは難しいでしょう。これらは、大航海時代以降にできた星座なので、神話はありません。

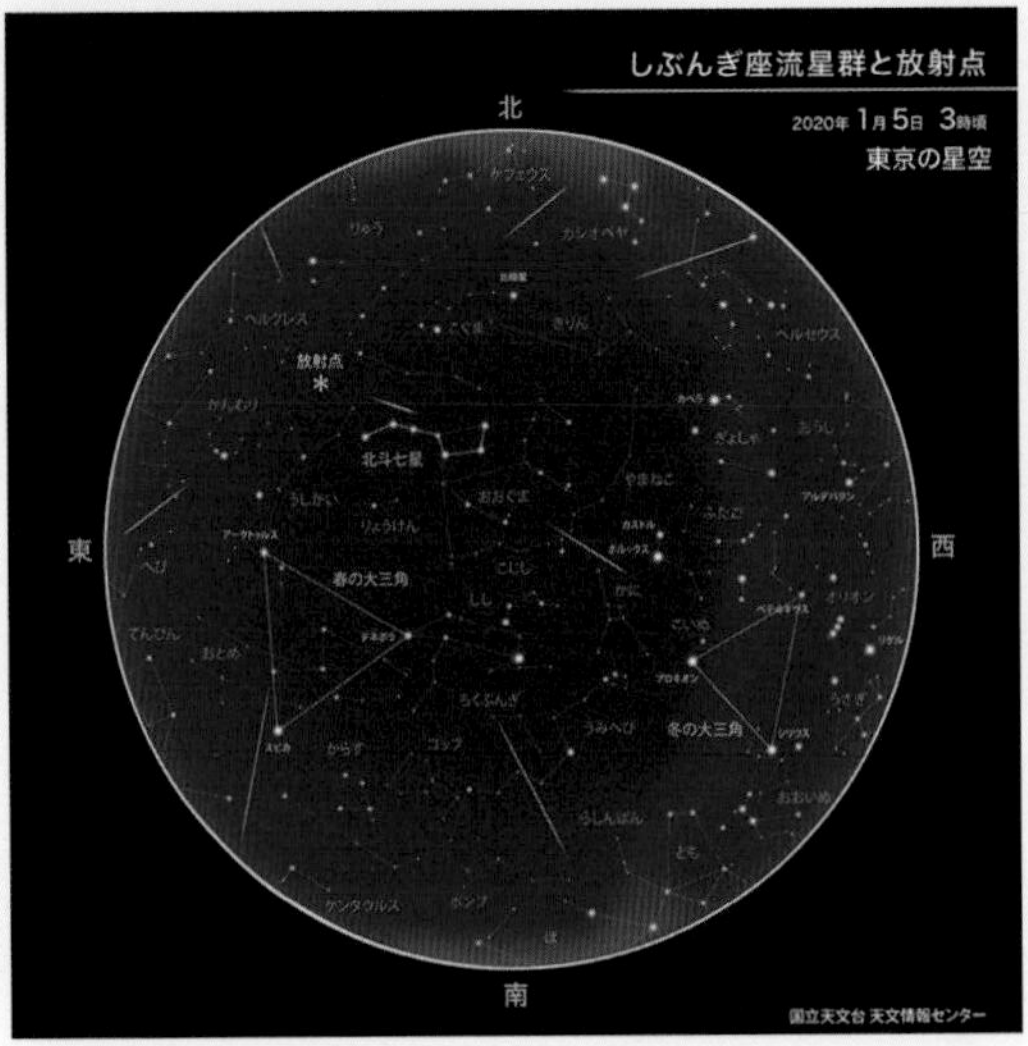

しぶんぎ座流星群と放射点。毎年1月前半にこの流星群があります
©国立天文台　天文情報センター

もう一つ、かつては「しぶんぎ座」というのもありました。現在、その領域はりゅう座・ヘルクレス座・うしかい座の一部となり、1922年に国際天文学連合が制定した現在の88星座としては残っていません。ただ、その名前は今でも名残があり、毎年1月初旬に極大をむかえる「しぶんぎ座流星群（りゅう座ι流星群）」と名付けられています。りゅう座ι（イオタ）星近辺を放射点とすることから、その名前で親しまれていて、10月ごろに別の「りゅう座流星群（ジャコビニ流星群）」があるので、それと区別しやすいようになっています。

このしぶんぎ座流星群、ペルセウス座流星群やふたご座流星群と並び、3大流星群の一つとなっていますので、年明け早々の寒い時期ですが、防寒対策をして流れ星を探してみてはいかがでしょうか。

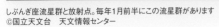

系外惑星を見つける方法

では、観測装置の発展に伴って、どのように系外惑星を発見してきたのか、具体的な探し方をご紹介しましょう。系外惑星の探し方は主に「直接法」と「間接法」に分けられ、その技術的な難しさから、間接法による系外惑星の発見が主となっています。

【アストロメトリ法】

最初に紹介するのは、「アストロメトリ法」です。

「星の位置を正確に測る」ということの究極系が系外惑星探査における「アストロメトリ法」であり、ピート・ファンデカンプが半世紀をかけて観測していた方法です。系外惑星は（一部の例外を除き）主星の周囲を公転しています。これは、ハンマー投げの選手とハンマーの関係に例えられることがあります。ハンマー投げの選手を主星、惑星を紐の先についた鉄球と見立てます。紐を持って鉄球を振り回す時、選手は少し体重を後ろにかけながら自分も回ります。この時、選手と鉄球の間に共通重心が存在し、その周りを2者が互いに回っています（図・主星と惑星の軌道図（次ページ））。これは、太陽系でも同じです。太陽系の場合、惑星の中で最も重たいのは木星なので、木星の重力の影響を太陽は一番強く受けます。太陽系を外から見た場合、太陽もわずかに回っているのが見えるかもしれません。ちなみに、地球と太陽だけで考えると、その共通重心は太陽の中にあります。

このように、惑星に揺らされて共通重心の周りを公転する主星の動きを、天球上の天体の位置の動きでとらえる方法が「アストロメトリ法」です。この方法は、主星と系外惑星の距離が遠く、木星のような重たい系外惑星を発見しやすい観測方法です。ただし、その分を差し引いても恒星は遠いため、このわずかな動きをとらえるのは困難でした。具体的には、ファンデカンプが発見したバーナード星の位置の変化は、地球からみて約10ミリ秒角（１度の３６００分の１の１００分の１）が、恒星の固有運動と地球から見た年周視差（解説コラム・年周視差と固有運動参照）に追加して動いていたというものでした。これは、当時の写真乾板上で、１マイクロｍ（０・００１ｍｍ）ほど動いたことに相当し、当時の写真乾板による観測の限界でした。そのためファンデカンプは系外惑星をこの方法で捉えることができず、アストロメトリ法はその後しばらく日の目を見ることはありません。アストロメトリによる系外惑星探査については、21世紀になって高精度の位置天文衛星の登場を待つことになります。これについては、第5章でご紹介します。

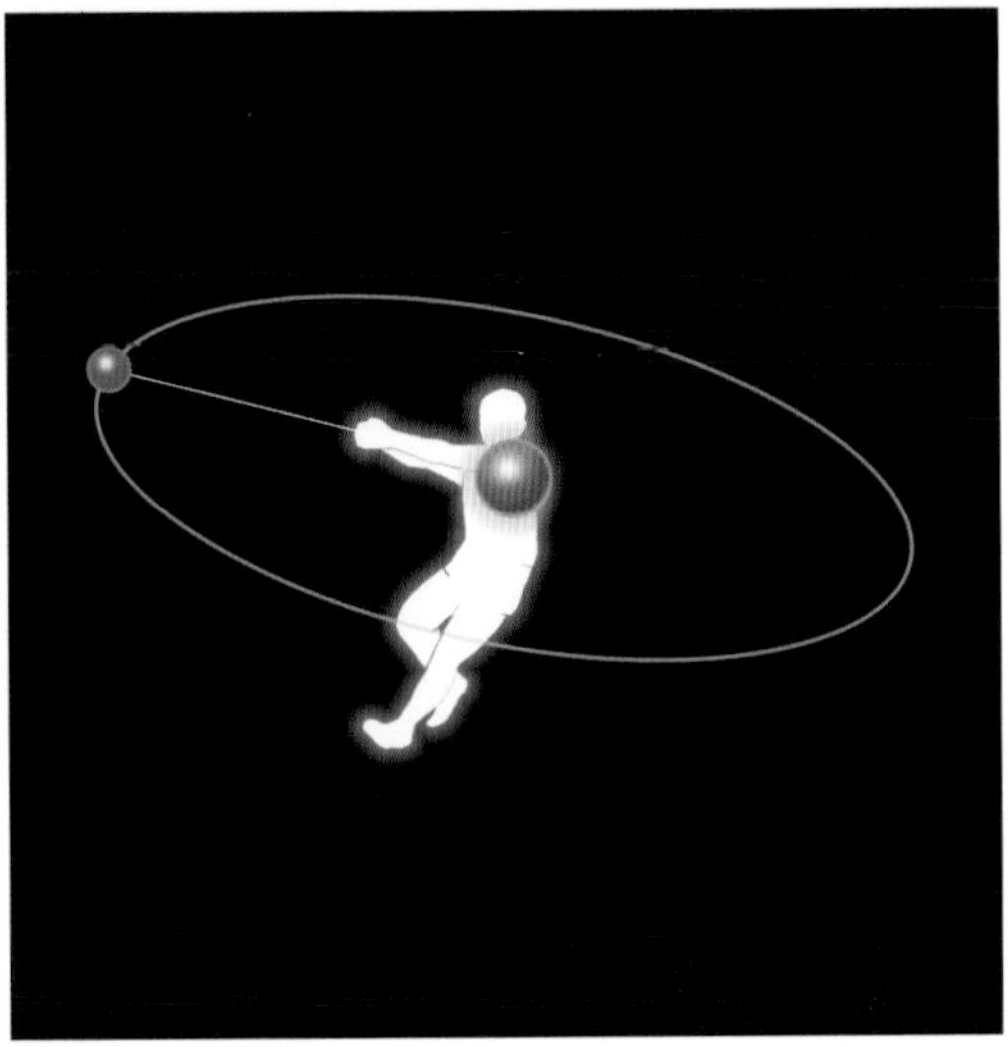
太陽系外惑星の主星と惑星の軌道の模式図。主星も惑星も共通重心の周囲を回っているため、惑星に揺らされ主星の位置がわずかにずれる

【ドップラー法】

１９９５年、初めての太陽系外惑星の発見である、ペガスス座51番星の発見に使われたのが

この方法です。「ドップラー法」（解説コラム・ドップラー効果参照）または「視線速度法」と呼ばれるこの手法は、星からの光を虹色に分ける、文字通り「分光」という観測方法を用いて太陽系外惑星を探します。ただし、7色ではなく何万色にも光を分けることができる分光器を使います。

系外惑星の軌道が私たちからみて真横だったり斜めだった場合、その軌道上で、私たちから遠ざかるタイミングで、主星はわずかに私たちに近づくことになります。その時、わずかに主星からの光が青い方へシフト（波長が短い方：ブルーシフト）します。逆に、惑星が私たちに近い時、主星はわずかに遠ざかり、光は赤い方へシフト（波長が長い方：レッドシフト）します。このように波長がずれることを「ドップラーシフト」と呼び、この周期的なドップラーシフトを捉えることで系外惑星を見つける方法を「ドップラー法」もしくは「視線速度法」と呼びます。太陽系を外から見た場合、木星の質量で太陽は秒速10ｍほどで動いています。ちなみに、地球の場合だと秒速10ｃｍなので、地球型の系外惑星を見つける場合は恒星の動きを秒速数ｃｍの精度で測る観測装置が必要です。

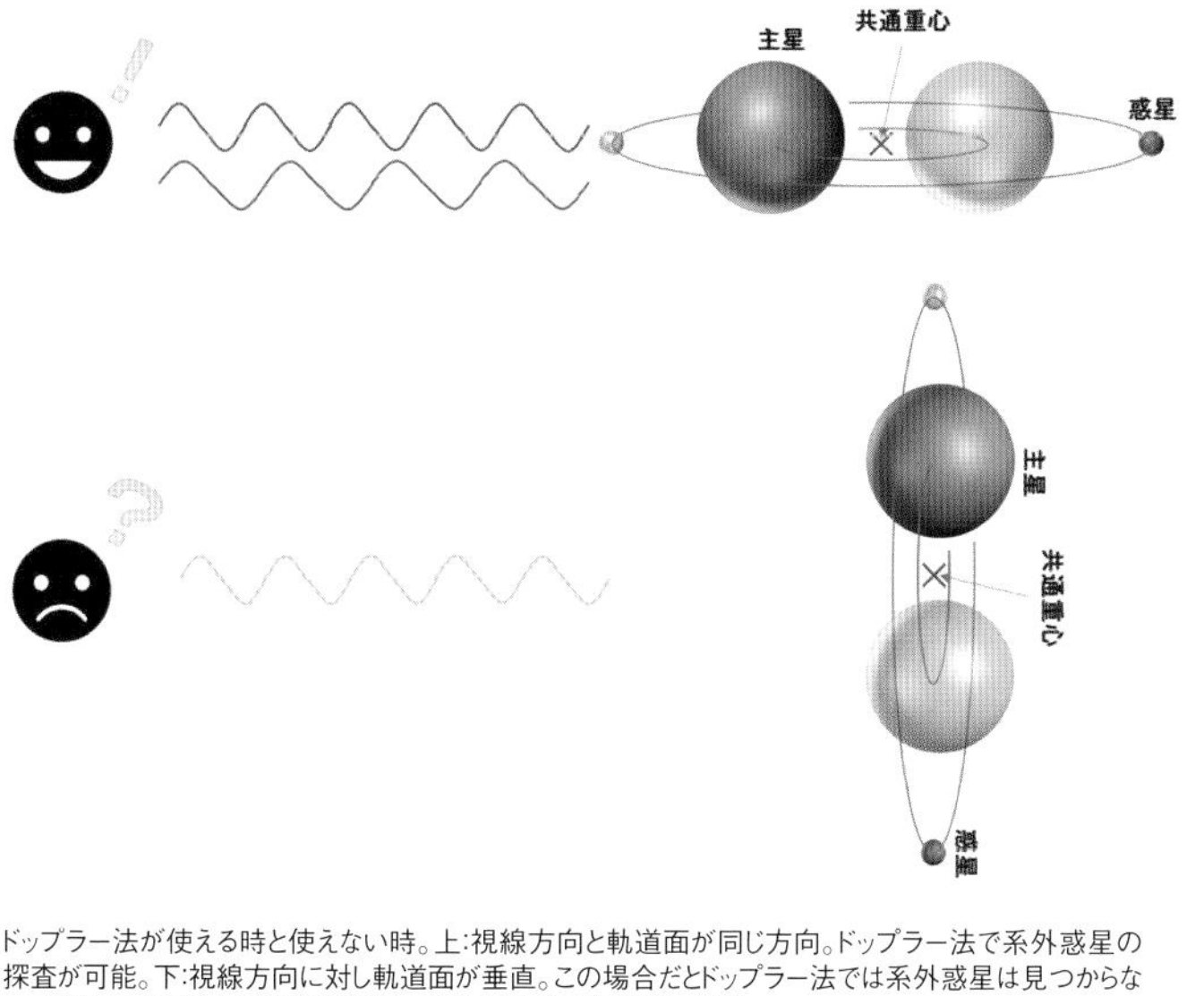

ドップラー法が使える時と使えない時。上：視線方向と軌道面が同じ方向。ドップラー法で系外惑星の探査が可能。下：視線方向に対し軌道面が垂直。この場合だとドップラー法では系外惑星は見つからない。アストロメトリ法か直接撮像法による探査が必要（著者作成図）

この観測方法でわかる重要な点は系外惑星の最小質量（下限値）がわかることです。ただし、もし系外惑星の軌道面を真上から見るような惑

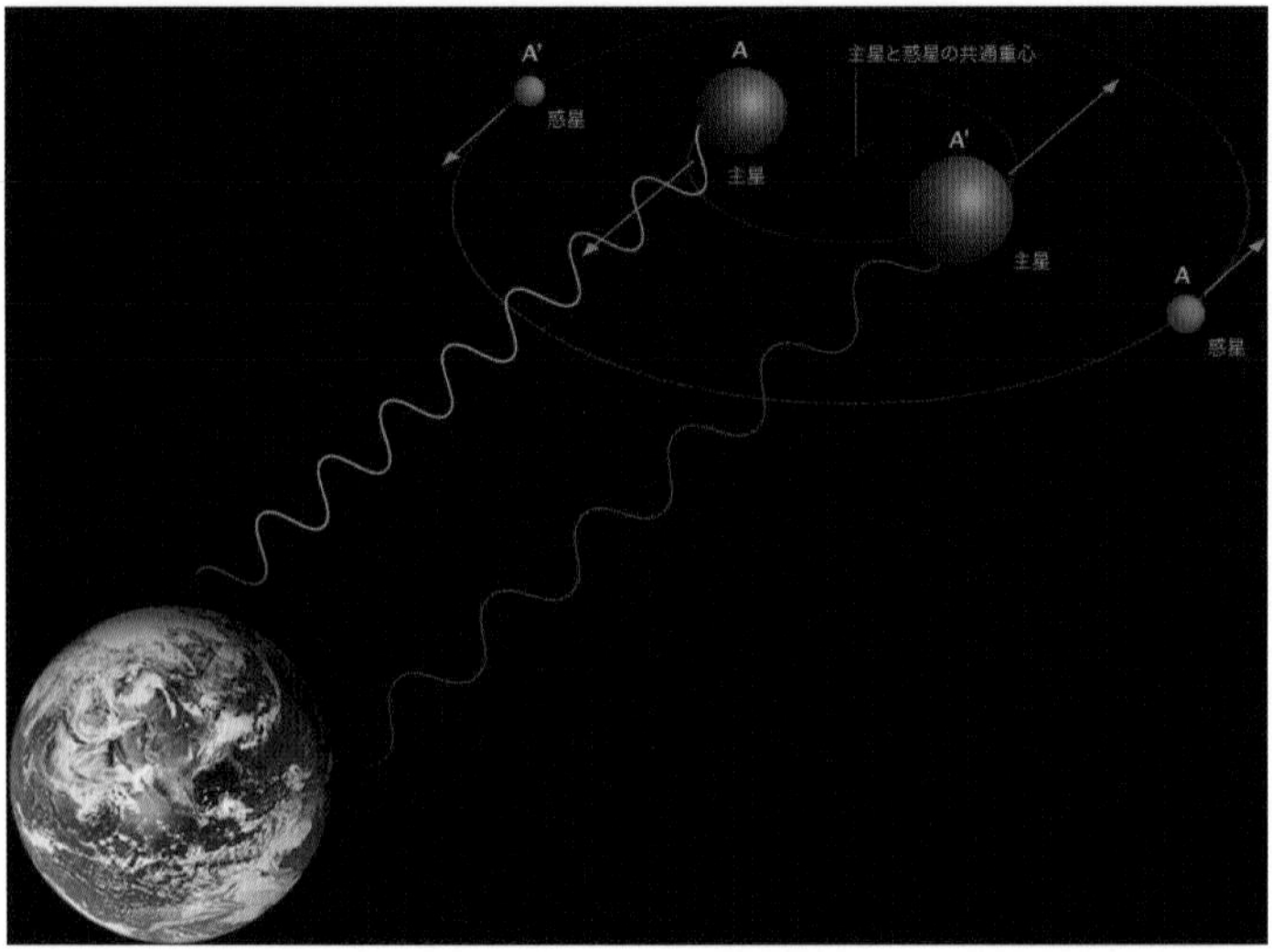

惑星が遠ざかる時（A）主星は近づいて光がブルーシフトする。惑星が近づく時（A'）主星は遠ざかり光がレッドシフトする　©国立天文台

星系の場合、主星は視線方向には動かないので、波長のずれが生じません。そのため、ドップラー法ではそういった系外惑星を見つけることはできません。このような系外惑星を見つけるためには、アストロメトリ法や後で紹介する直接撮像法などが必要ですが、ペガスス座51番星の発見がドップラー法だったこともあり、このドップラー法がその後しばらくは、系外惑星発見の主な手法でした。

【トランジット法】

「トランジット（transit）」という単語は、ここでは恒星の前を系外惑星が通過する現象（恒星面通過）を指しています。太陽系内のトランジット（解説コラム・太陽系におけるトランジット）のように、恒星表面にトランジットする惑星のシルエットをしっかり見ることができればわかりやすいのですが、系外惑星が回っている恒星は地球から遠いため、そのようなシルエットを捉えることができません。その代わり、系

外惑星が主星の前を通過するとき、主星の光を遮ることでわずかな明るさが減少します。このわずかな減光をとらえる方法が「トランジット法」です。

どの程度「わずか」なのか、太陽系で考えてみましょう。太陽系では、太陽が惑星と比べて非常に大きいわけですが、この太陽系を真横から見る位置から観測し、木星や地球が太陽の前をトランジットすることを想定します。木星の直径は太陽の約10分の1程度ですが、光を遮る面積としては、100分の1程度になるため、太陽の光を1パーセントだけ暗くします。一方で、私たちがいる地球がトランジットする場合、地球の直径はだいたい太陽の100分の1程度ですので、面積にすると1万分の1となり、太陽の光をおよそ0・01％だけ遮ることになります。この手法での系外惑星の探査方法自体は、20世紀半ばに原理的には分かっていましたが、そもそもそれだけの精度で観測する手段が当時はなく根本的に難しい手法でした。

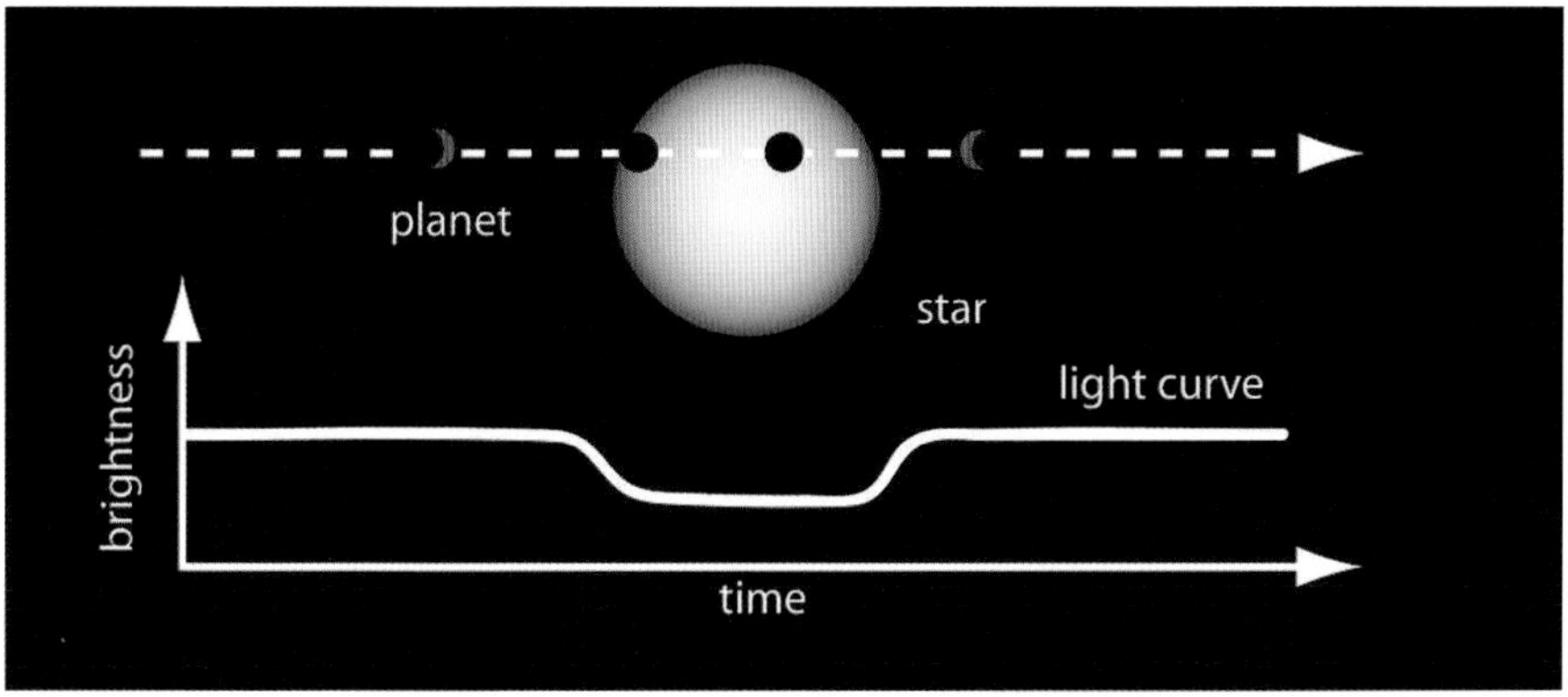

トランジットの模式図。系外惑星が主星の表面を通る時、わずかに星の明るさが暗くなる減少を捉える。地球から見えるのは、主星の明るさだけ　(Brightness: 主星の明るさ)
©NASAAmes

この手法での初めての系外惑星の検出は、CCDカメラによる精密な測光が可能になった後で、確率的な難しさもあり、実際には20世紀末の1999年に観測が成功し、2000年に論文として発表されました。その後しばらくは、ドップラー法などで見つかった天体をフォローアップする形で観測されていましたが、2010年代に入ると系外惑星探査衛星の活躍もあり、現在では系外惑星発見はこのトランジット法が主になっています。

トランジット法でわかる重要な点は系外惑星の半径を見積もることができることです。この方法とドップラー法で質量の情報が揃えば、惑星の密度を見積もることができます。岩石惑星なのか巨大ガス惑星なのかを区別することができるため、ドップラー法と合わせて観測できる場合、非常に多くの情報をもたらしてくれます。

【直接撮像法】

さて、これまでの3つについては、系外惑星による主星への影響を捉えるという、いわば「間接的な手法」でした。確かにそれでも様々なことがわかるので科学的意義はとても高いのですが、「やっぱり直接見たい」と思うのは人情です。やはり一番わかりやすく、写真を取って「コレが系外惑星ですっ!」と言ってみたいものです。「そのため」と言うわけではありませんが、直接系外惑星を画像として撮像しようというのが、文字通り「直接撮像法」です。

これまで紹介した3つの方法で共通する点には、「主星との距離が近い系外惑星が見つかりやすい」という特徴があります。それに比べ、「直接撮像法」では、主星から遠い惑星のほうが探しやすいというメリットがあります。ですが、直接撮像法は、技術的には非常に難しい検出方法です。

アストロメトリ法でも、技術的に難しい点があるとご紹介しましたが、究極的には「位置を正確に測る」ということが命題になっているアストロメトリ法に対し、直接撮像法では、「中心星の光を可能な限り抑え、すぐ近くにある極めて暗い系外惑星を捉える」ということがポイントです。そのため、空間を細かく見分ける能力（高い空間分解能力）と、暗い惑星を捉える能力（高い集光能力）と、さらに眩しい主星の光を効率的に抑える技術が必要です。

高い集光能力と分解能を得るためには、望遠鏡の口径（反射望遠鏡では鏡の直径）を大きくするだけでよいのですが、眩しい主星の光を効率的に抑えるためにはそれだけでは足りません。イメージとしては、眩しい満月を指でちょっと隠して後ろの星を見るような考え方ですが、見た目でも面積のある月を隠すのではなく、ほぼ点である恒星を隠してその近くにある暗い点を見つけなければなりません。太陽系の場合、地球の明るさは太陽の100億分の1になります。1等星の星の周りの系外惑星の場合、1等星から6等星の明るさの差が100分の1とすると、さらにその1億倍暗いものを見つける能力が、地球型惑星を直接撮像するために必要で

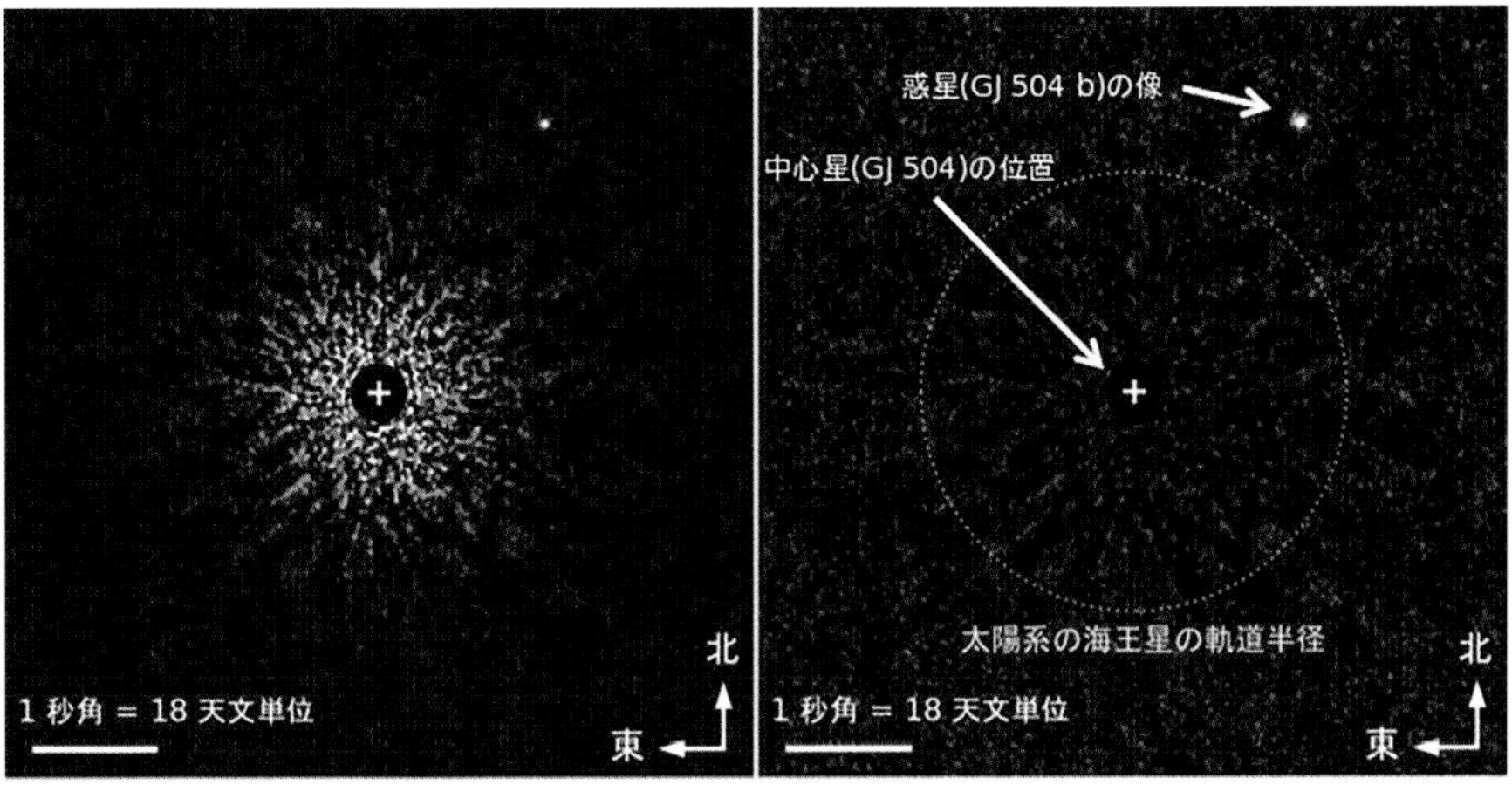

左の写真はGJ 504という恒星の周りを公転する系外惑星GJ 504 bの直接撮像画像。右は左の画像を見やすい表示にしたもの。どちらも擬似カラー　©国立天文台

す。眩しい恒星のすぐそばにある暗い惑星を見つけることから、よく「明るい灯台のすぐ近くを飛び回る蛍の光を遠くから捉えるのと同じ」と喩えられます（図・灯台と蛍の光）。木星のような大きな系外惑星には、主星の100万分の1程度の暗さの系外惑星もありますが、これを達成するためにも、様々な技術開発（例：コロナグラフなど）が不可欠でした。

　このようにして実際に撮像した系外惑星の直接撮像の図を掲載しておきます。「これが系外惑星のリアルな姿ですっ！」……と胸を張りたいところであり、実際リアルな姿なのでそう言ってはいますが、NASAなどの系外惑星の想像図をイメージしていたなら、なんとも言えない残念感は否めないところはあります。しかし、この天体のように、約60光年も離れたところにある系外惑星を直接撮像できたということは、研究者としては興奮を抑えられない成果でもありました。2021年現在、系外惑星が4000個以上見つかっている中、直接撮像で見つかっている系外惑星の数はまだ数十個足らず、その全てが木星のようなガス惑星です。現時点では、地球型惑星のような小さい岩石惑星を直接撮像で捉えることはできず、さらに大きい30m望遠鏡TMT（Thirty Meter Telescope）などのような〝超〟大型望遠鏡の完成が必要になります。

海の向こうの灯台と、その近くにいる蛍の光

年周視差と固有運動

2つの異なる地点から見た天体の位置の差を「視差」と言います。この2つの地点が、「地球」と「太陽」だった場合、その視差を「年周視差」と言います。この年周視差の動きから、天体の距離を測ることができ、これが1秒角になる距離を1パーセクといい、3・26光年に対応します。このように、地球から恒星は天球上で見かけ上、楕円に動きますが、その見かけの動きを補正すると、天の川銀河に属している恒星たちは、銀河円盤に属する周辺の星たちと一緒に天の川銀河を回転しています。もちろん私たちの地球も、太陽の周りを公転しながら、銀河円盤の回転に合わせて動いています。年周視差による恒星の見かけの動きを補正することで、太陽から見た恒星のわずかな固有の動きを「固有運動」として捉えることができます。早い話が、数万年後には地球からみた星座の形が変わるということです。この大きさは、大きくても1年に数秒角というわずかな動きですが、系外惑星探査のアストロメトリ法においては大きな値になります。

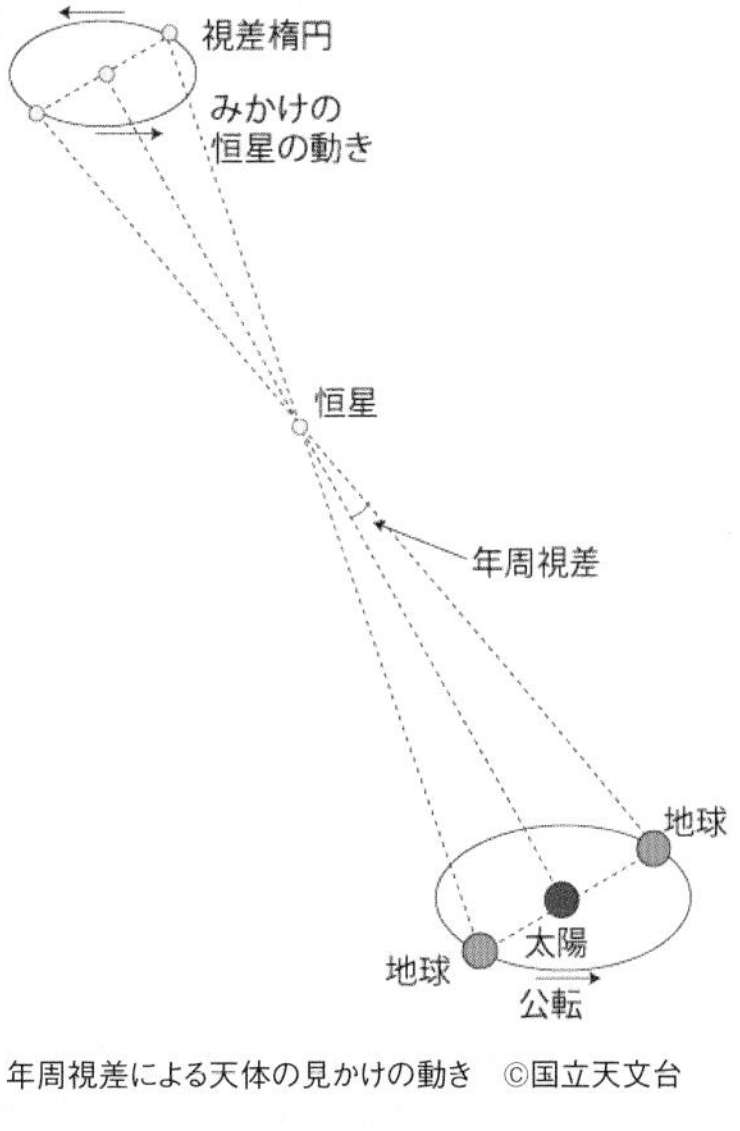

年周視差による天体の見かけの動き ©国立天文台

ドップラー効果とドップラー法

ドップラー法と言われてもあまり馴染みがないかと思いますが、「ドップラー効果」なら理科の授業などで聞いたことがあるでしょう。全く知らなくても、この現象を体験したことがある人は多いと思います。「ドップラー効果」は、道で救急車が近づいてくる時はサイレンの音が高く聞こえ、すれ違った瞬間から遠ざかるにしたがって音が低く聞こえるという現象です。これは、近づく物体（救急車）から出てくる音は周波数が高く（＝波長が短い）、遠ざかる物体（救急車）から出てくる音は周波数が低く（＝波長が長い）観測されるため、人には音の高さとして聞こえます。ドップラー法は端的に言うと、この「光」バージョンです。もちろん、「系外惑星が高速で地球のそばを通過して通り過ぎる」などということは起きませんが、系外惑星が主星を振り回すことで生じる、わずかな主星の視線速度変化を調べることがドップラー法による系外惑星探査です。

太陽系におけるトランジット

太陽系でのトランジットとしては、水星や金星が地球と太陽の直線上に入る時、太陽の表面に黒いシルエットが移動していく姿が見えることがあります（図・太陽と日面通過の連続写真）。金星の太陽面通過は前回の2012年6

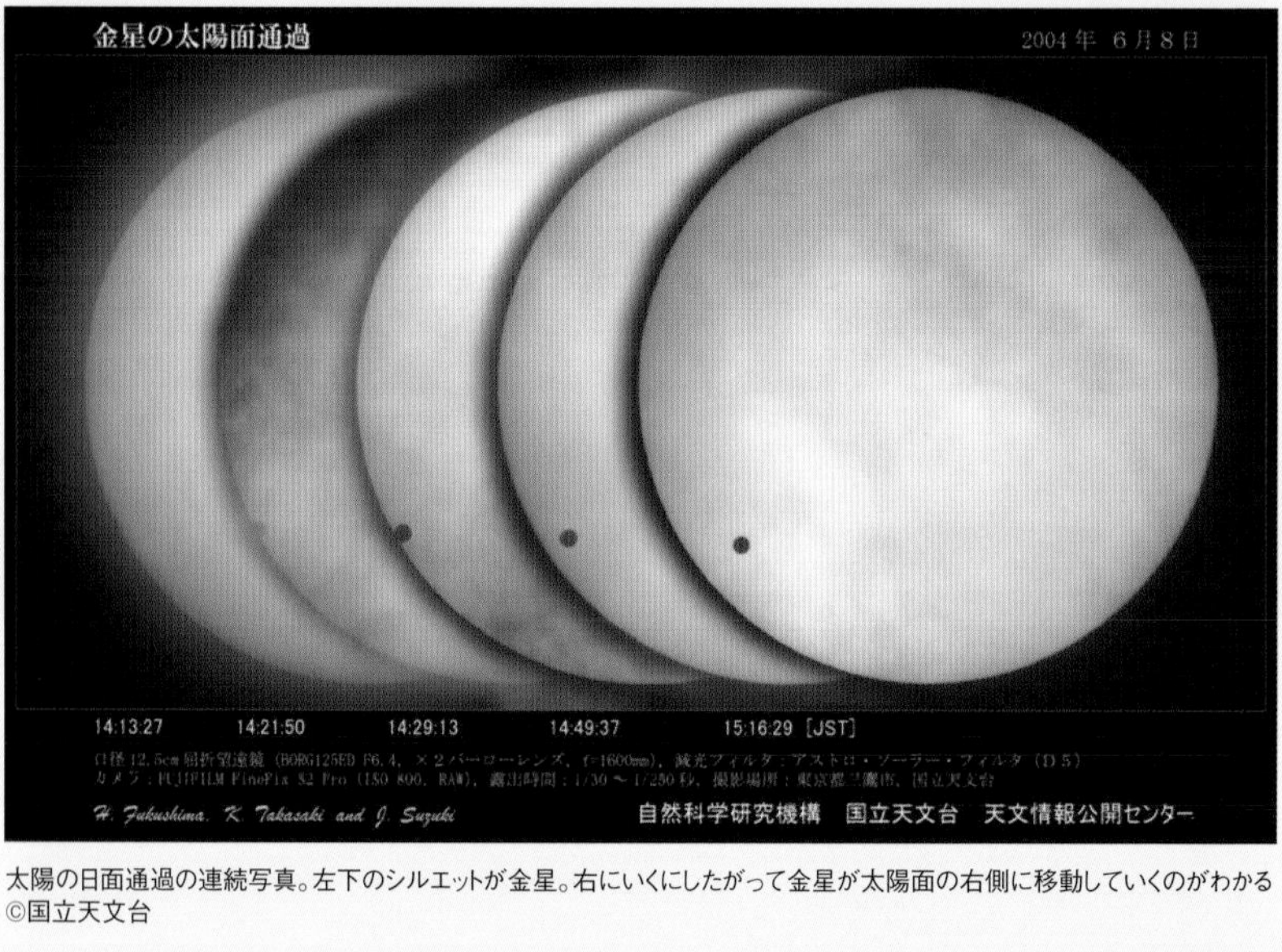

太陽の日面通過の連続写真。左下のシルエットが金星。右にいくにしたがって金星が太陽面の右側に移動していくのがわかる
©国立天文台

月6日が今世紀最後で、次は22世紀（2117年後半）です。今後何か医学的（工学的？）ブレイクスルーがおきて寿命が異様に延びない限り、今生きている人は見ることができません。ただし、次回の水星の太陽面通過であれば2032年（前回は2019年11月12日）に地球から見ることができます。タイミングによっては日本から見える場合と見えない場合があるので、2032年になったらその年のニュースなどをご注目ください。おそらく、「2019年以来13年ぶり！水星の太陽面通過！」みたいなニュースが流れるでしょう。

明るい星の周りを暗い惑星を見るために

系外惑星を直接捉えるためには、高い集光能力と高い空間分解能力をもつ大型の望遠鏡が不可欠です。しかし、星の光は大気の影響を受けて望遠鏡に到達し、これが「星の広がり」となり、暗い系外惑星はその光の中に埋もれてしまいます。大気の影響を抑えてシャープな星の像を得るため、「補償光学」という技術を用います。

その上で、系外惑星の直接撮像の代表的な装置が、主星だけの光を抑える「コロナグラフ」（次ページ図参照）です。「補償光学」や「コロナグラフ」が搭載された、口径8m級以上の大型望遠鏡がでてきたのは2000年代に入ってからでした。このようにして、大口径で集めた星の光を、補償光学を用いてシャープにし、コロナグラフでちょうど恒星だけを隠し、そのすぐそばにある暗い惑星を捉える、というのが直接撮像の代表的な手法の一つとなっています。

コロナ？ ウィルス？ 太陽？ 星座？

「コロナ」と聞くと今では新型コロナウイルスを連想してしまうかもしれませんが、天文学で「コロナ」では、基本的には太陽の外層の大気のことを示します。普段は太陽が眩しくて見えませんが、日食などが起きると太陽周囲のコロナの構造が見え、それを人工的に見ようとして作ったものが「コロナグラフ」と呼ばれるものです。それが転じて、遠くの恒星でも使えるようになり、系外惑星や星が誕生するところの円盤（原始惑星系円盤）を捉えるため、小さい恒星だけを隠すように発展して「ステラーコロナグラフ」となりました。これを単に「コロナグラフ」と呼ぶことも多いです。系外惑星の分野では、もちろん後者の意味で使っています。

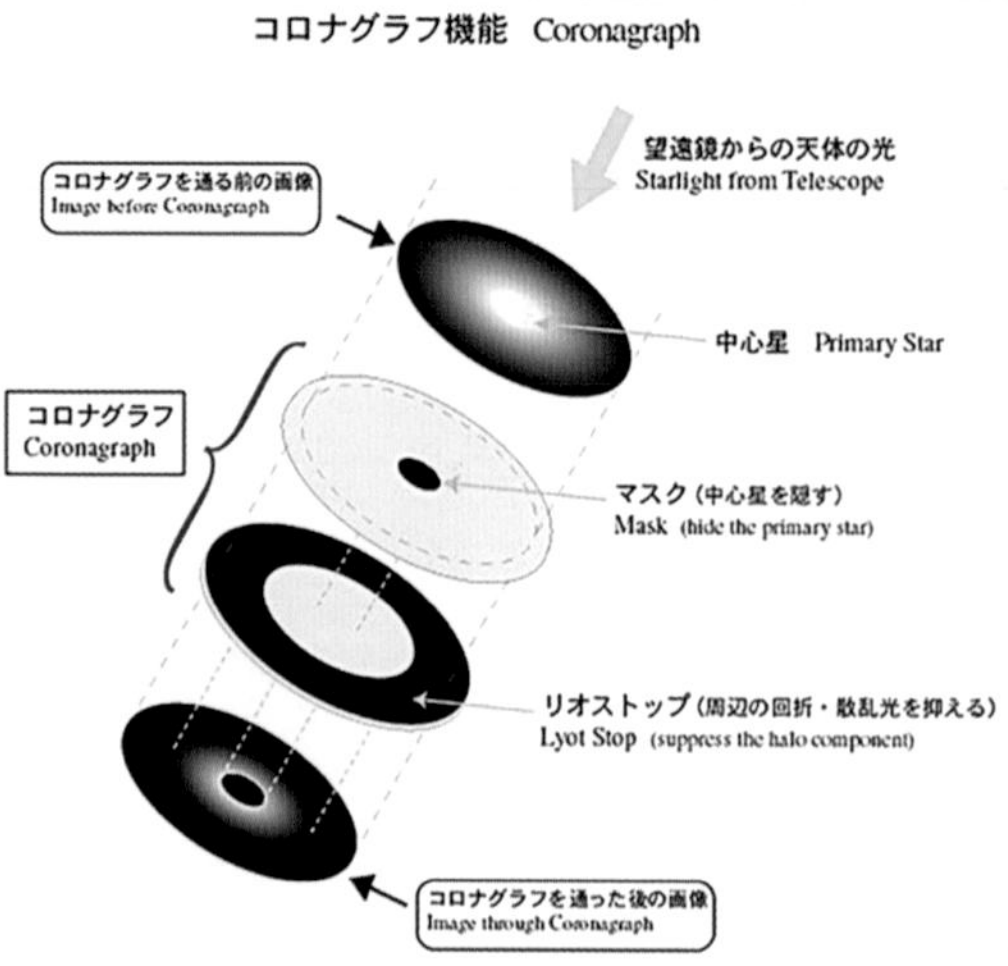

代表的なコロナグラフの仕組み　©国立天文台

ついでに、「コロナ」は星座の名前にも使われています。一つは「かんむり座（Corona Borealis）」、もう一つは「みなみのかんむり座（Corona australis）」です。

お酒が好きな人は「コロナビール」なども思いつくかもしれませんね。「コロナ（corona）」の語源はラテン語の冠を意味する"corona"からきていて、現在でも天文学や気象、医療、植物などの専門的な表現として残っています。光輝く王冠の形状に関連して、太陽のコロナ、ウイルスの構造、星座などに使われたようです（ビールはわかりません）。

日食で見られるコロナの様子　©国立天文台

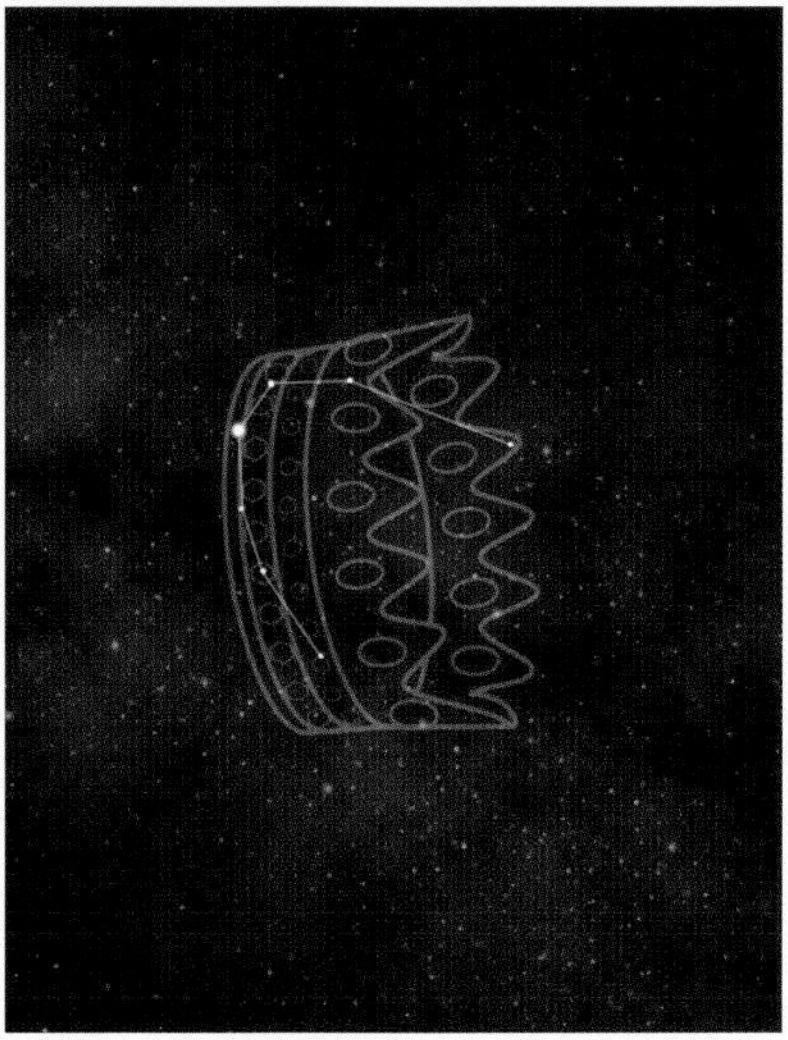

みなみのかんむり座。夏の星座でいて座のさらに南側にあるので見つけにくいので、地平線まで晴れている日が狙い目です

かんむり座。夏の星座でうしかい座の東にある。一番明るい星ゲンマが目印

系外惑星の発見

太陽系のような系外惑星は少なかった

系外惑星の初検出については、スイスのミッシェル・マイヨールのグループがその栄誉を得たことについては、前の章の最後に触れましたが、なぜ彼らが最初の系外惑星を見つけることができたのか、もう少しご紹介しましょう。

半世紀にわたりアストロメトリ法で系外惑星を探していたファンデカンプや、ドップラー法で長期観測を行ったゴードン・ウォーカーも、主に探していたのは、「太陽系のような系外惑星」でした。太陽系では、太陽に近い方から水星・金星・地球・火星という岩石が主成分でできた小さな惑星があり、それより外側に木星・土星・天王星・海王星と分布しています。第2章でも少し触れましたが、この配置は当時考えられていた太陽系を作るための理論で、(多少問題点は認識されてはいたものの）受け入れやすいものでもありました。

この惑星形成理論が、宇宙で一般的だった場合、系外惑星系でも同じように、主星に近い場所では小さな岩石惑星があり、主星から遠いところに大きなガス惑星があると考えます。木星の場合、12年ほどで太陽の周囲を1周します。太陽系を他の星から見た場合、太陽系で最大の惑星である木星の重力の影響を受け、太陽は12年の周期で揺らされているのを捉えることができるはずです。これを系外惑星に対応させ、ぴったり12年で同じことはないにしても、数年と言ったスケールで巨大ガス惑星の重力で揺らされる恒星を探すということが、当時の主な惑星探査の方法でした。アストロメトリ法では技術的にそもそも難しいですが、ドップラー法で数年程度の周期性をとらえるためには、月に数回観測すれば十分です。観測装置の観測精度としても、1980年代には、太陽に似た恒星周りの木星程度の質量の系外惑星であれば検出できる精度は達成している状況でした。

そのような背景の中、天文学者の間では系外惑星の初検出を競い合う状況になっていました。特に、ゴードン・ウォーカーは当初よりこの系外惑星探査競争へ乗り出し、「太陽のような恒星の周りに木星のような惑星を探す」ことを目標に、1980年から1992年の12年にわたり、ハワイにあるカナダ・フランス・ハワイ望遠鏡（CFHT）を用いた長期観測を行いました。これは、当時の系外惑星観測プロジェクトとしては最長のものでした。ところが、こ

太陽系の惑星たち（距離の比は正しくない）。内側に小さい地球型惑星があり、外側に木星型惑星がある　©Comfreak/Pixabay

こまでお話しした通り、彼はこのプロジェクトで系外惑星を検出することはできず、1995年の8月に、太陽近傍の明るい21個の恒星の周囲に木星のような惑星は発見できなかったと発表しました。系外惑星が発見できなかったこと自体は残念ですが、太陽のような恒星の周囲において、公転周期の長い惑星がそれほど多くはないということを示す上で、先駆的な結果でした。

マイヨールが系外惑星を初検出

ゴードン・ウォーカーの発表の直後、1995年10月に行われた国際会議にて、ミッシェル・マイヨールが、当時大学院生だったディディエ・ケローと共に、ペガスス座51番星に木星の半分ほどの質量の系外惑星を発見したとの報告がありました。この恒星は、太陽に似た恒星でしたが、ウォーカーの発表した論文の天体リストには入っていませんでした。

マイヨールらも1994年から開始した系外惑星探しでは、ウォーカーと同様に月に数回というペースで観測をしていましたが、その中で、視線速度が一定ではないことに気づきました。観測の頻度を増やし、1995年の夏には8日間の連続観測を行い、その結果、この系外惑星の周期がたった4.2日であることがわかりました。マイヨールの発表を聞いた研究者の多くが、「公転周期が4.2日の木星？　そんな『惑星』あるはずがない！」と思い、検証のための追観測が行われ、その結果、確かに間違いなく存在するということがわかりました。

ウォーカーが12年かけて見つからなかったものを、マイヨールが1年足らずで発見できた要因としては、この時見つかったような「公転周期が数日の巨大ガス惑星」というものが、実は統計的に少ないということが現在わかっています。ウォーカーのグループが観測していた21個という数は、そこにこのタイプの系外惑星が1つあるかどうかという数であるため、純粋に不運だったと言えます。もう一つあるとすれば、そもそもマイヨール自身の研究が、元々は軽い天体を探すというもので、別の研究分野から系外惑星探査に参入したため、従来の「惑星系」に対する固定観念に囚われ過ぎずに済んだということもあるかと思います。

軽い天体を探すには、ドップラー法と同じ方法で、2つの恒星が互いの共通重心を回っている連星系の視線速度を計測し、天体の質量を測るというものなので、こういった天体は周期が数日という連星系も存在します。連星系の片方が軽いものの究極系が系外惑星と思い、多少周期が短くても「怪しい」と思えたのかもしれません。ただ、その分を差し引いても、当時の「常識」と思われていた「惑星系」に対してパラダイムシフトを起こすことになるので、解析に間違いがないか、ディディエ・ケローと共に何度も何度も確認を繰り返した上で発表にこぎつけたそうです。

ここから得られる教訓は、科学の分野でよく言われることではありますが、「視点を変えて考える」というメッセージが含まれています。マイヨールは、これまでの惑星系の常識に囚われず、連星系の研究という背景から自然と系外惑星探査に対して「異なる視点」から見ることができ、そのため系外惑星探査の「常識」として信じられていたものを疑うことができたということが、系外惑星初検出にまつわるメッセージかもしれません。

異形の惑星たち

太陽系には存在しないような惑星の発見

周期4.2日という短周期で木星のような系外惑星が存在することが明らかになると、今までの観測方針を切り替え、これまで取得したデータも短周期に焦点を当てて再解析したり、観測のペースを上げて観測したりするようになり、その結果、これまで見つかっていなかった系外惑星が見つかるようになってきました。実際に、誰が初検出の栄誉を得てもおかしくない状況だったことがわかります。

ここで検出された公転周期の短い木星型の惑星は、主星のすぐ近くにいることがわかっています。このような系外惑星は主星の光に炙られ灼熱の木星という意味で「ホットジュピター」と呼ばれるようになりました。この時点で、これまでなんとなく受け入れられていた惑星形成論が大変なことになります。端的に言うと、それまでの形成論では、そんなところに木星ができるはずがないからです。第2章で簡単に紹介した時には、太陽に近いところでは液体の水は蒸発するので岩石が主成分であり、近いところほど軌道が小さくなるのでその辺りの材料は少なく、小さな惑星ができるとご紹介しました。

早い話、たとえ木星半分とはいえ、そんなに材料があるはずないと思われていました。「できるはずがない」惑星が「見つかった」ので、理論の見直しを迫られました。実際には、

「ちょっとまだ説明できないところもあるけど、ひとまず太陽系を作るにはこのくらいで大体合ってるかなー」と目をつぶっていたところを真面目に考えないといけないという状況になりました。現在でも、完全なコンセンサスを得られた理論が固まっているわけではありませんが、遠くでできた惑星が移動してきたりすることで、ホットジュピターの形成を説明する理論があります。

さらに、系外惑星が発見されてしばらくは、ホットジュピターが比較的多く見つかり、むしろ太陽系のように公転周期の長い木星型惑星の方がレアなのかもしれない、という状況にもなりました。ただし、これはホットジュピターの方が純粋に検出しやすく、最初はホットジュピターが多く見えたというだけでした。現在では4000個以上系外惑星が見つかっており、その中ではホットジュピターはどちらかと言うと少数派ということがわかっています。

ホットジュピターは、太陽系に存在しない象

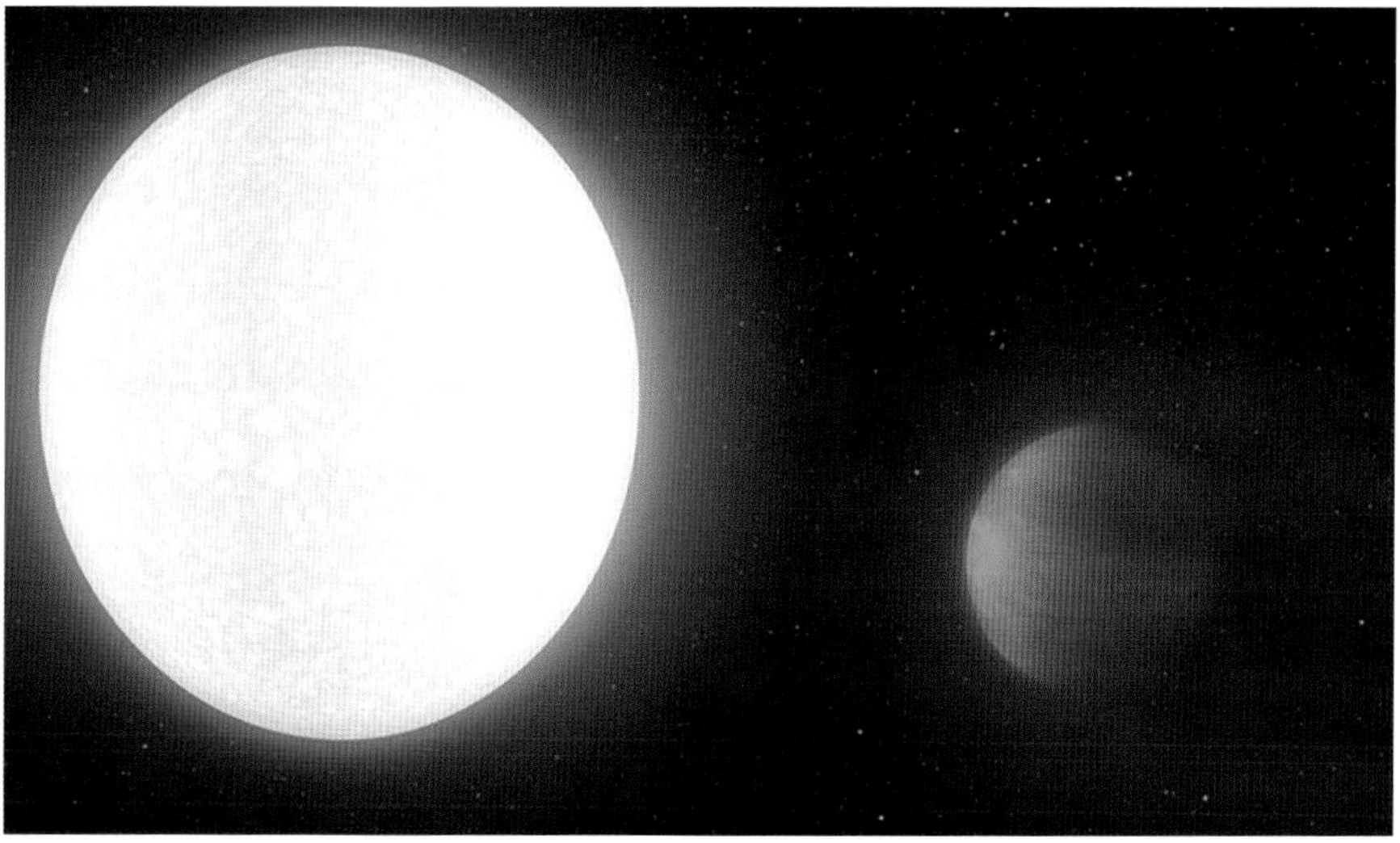

KELT-9b の想像図。公転周期1.5日のホットジュピター。主星を向いている昼側の温度は摂氏4,300度にも達し、温度の低い恒星の表面温度に匹敵する温度（この主星KELT-9の表面温度は摂氏およそ10,000度） ©NASA/JPL-Caltech/R. Hurt（IPAC）

徴的な系外惑星でしたが、数多くの系外惑星が見つかり始める中、ホットジュピターだけでなく、太陽系には存在しないような「異形の惑星」たちが見つかっています。それらについていくつか簡単に紹介しましょう。

エキセントリックプラネット

太陽系では、ほとんどの惑星が円軌道に近い軌道で太陽を公転していますが、この系外惑星は楕円の軌道で主星を公転しています。そのため、主星に近づく時は極めて灼熱で、遠くなると極寒の世界となります。太陽系での彗星（ほうき星）は楕円軌道で太陽を周回するものもありますが、これは小惑星のように小さな天体です。太陽系には、もっと大きな惑星のような天体では、楕円軌道で公転しているものはありません。「エキセントリック」というネーミングがちょっと派手に見えるかもしれませんが、「変な人」という意味で使っているわけではなく、直訳すると「偏心惑星」となり、楕円軌道の惑星というそのままの意味です。ただ、「太陽系にはない変な惑星」という意味では間違いでもないかもしれませんね。

逆行惑星

太陽系では、8つ全ての惑星が北半球からみて、ほぼ同一平面状を、太陽の自転方向と同じ反時計回りに公転しています。これも従来の説明では、「星が形成される時、その周囲に原始惑星系円盤ができ、そこで惑星が形成されるので、その結果できた惑星も、同一平面の軌道と同じ方向の公転方向になります」とまるで見てきたように説明していたのですが、これもまた説明できないものが発見されてしまいました。

逆行惑星とは、主星の自転方向と、系外惑星の公転する方向が逆転している惑星です。これは、惑星ができた時から逆行しているとは考えにくいため、惑星ができた後、その惑星が他の惑星の重力的な影響を受けて軌道面が変化したものと考えられています。この他にも、系外惑星の軌道が同一平面上にないものもあり、多様な惑星が発見されるたび、当たり前と思える太陽系の姿が却って不思議に思えてきますね。

タトゥイーン型惑星

「タトゥイーン」という惑星をご存知でしょうか。SFファンの方なら聞いたことがあるかもしれません。1977年に公開された『スターウォーズ エピソード4/新たなる希望』に登場した架空の惑星であり、主人公のルーク・スカイウォーカーが育てられた惑星です。この惑星は、2つの恒星が互いの周囲を回る「連星」の周囲に存在する惑星として描かれています。2つの太陽に熱く照らされているため、砂漠の惑星という設定になっていて、2つの太陽が地平線に沈む夕日のシーンは有名です。

1977年当時はまだ系外惑星は発見されておらず、連星系の周りの系外惑星ももちろん発見されていませんでした。しかし、この映画の30年以上たった後、実際にこのような連星系周りの系外惑星(周連星惑星)も発見されました。残念ながら、周連星惑星で生命がいそうな惑星はまだ見つかっていませんが、世界的に有名なSF映画に出てきた惑星ということもあり、連星系周りの系外惑星(周連星惑星)は親しみを込めて「タトゥイーン型惑星」と呼ばれたりします。

これらのように太陽系では存在しないような異形の惑星が見つかり始めています。その中には生命を宿した惑星もあるのでしょうか……?

ケプラーの功績

系外惑星を探査するための宇宙望遠鏡計画

これらの異形の惑星たちを含め、1995年の系外惑星の発見から2020年現在までに、既に4000個を超える系外惑星が発見されています。これらの発見について、大きな貢献をしたケプラー宇宙望遠鏡について紹介します。

系外惑星を探査するための宇宙望遠鏡計画はいくつかありますが、その中でも大きな成果をあげたのがNASAのケプラー宇宙望遠鏡です。2009年に打ち上げられたこの宇宙望遠鏡は、地球型の系外惑星を探すことを目標の一つとしたものでした。

トランジットによる検出のためには、系外惑星が主星の目の前を通過する必要があります。そのため、系外惑星が「あるかどうかもわからない」「あってもトランジットを起こすかわからない」「トランジットを起こす軌道でもいつ起きるかわからない」といったハードルを乗り越えて、系外惑星探査に乗り出す必要があります。さらに、見つかってもその後に本物の系外惑星によるトランジットかを検証する必要がありますが、まずは見つけることが大切です。

こんなに大変なのに、どうやって探すのかと思ってしまいますが、答えは意外と単純で、「たくさんの星を」「じっと見つめる」というものです。探査方法としては、「いつ起こるかわからない星の光から1%の変化を見逃さずに捉

える！」のです。実際に行うのは「数の暴力で総当たり」みたいなことなので、改めて言われ

ケプラー宇宙望遠鏡のイメージ図　©NASA/JPL-Caltech/Wendy Stenzel

るとちょっと冗談のようにも聞こえるでしょうが、これを大真面目にやるのがトランジット法による探査の基本です。

望遠鏡は基本的にものを拡大して見るための装置ですが、その性質上倍率が上がると視野が狭くなります。口径の大きな望遠鏡では、倍率に相当するものが大きくなり、一般的に視野は狭くなります。その視野を細かく見ることで、口径8.2mのすばる望遠鏡では系外惑星の直接撮像が可能になりますが、この視野でトランジットの惑星探しは現実的ではありません。地上からのトランジット探査では、口径が数センチメートルくらいで広視野の小型望遠鏡を複数つなげ多くの星をじっと見るという望遠鏡もあります。実際、きちんと明るさを測ることができれば、市販の口径10cm程度の望遠鏡でも既知の系外惑星のトランジットを確認することもできます。ただし、もちろん地上からの観測では天気の影響を多く受けるので、大気のない宇宙から、広い視野をじっと見つめることができれ

ば、トランジット惑星を多く捉える可能性が高くなります。それを実際にやったのが、ケプラー宇宙望遠鏡です。

ケプラーにより系外惑星発見が一気に増える

ケプラー宇宙望遠鏡は、はくちょう座の片翼の拳大の領域（およそ10度×10度）を数年にわたりじっと見つめ続けるという観測をしました。この領域には、天の川に近いこともあり、この領域に多くの星があります。ケプラーはこの領域で10万個以上の天体を見つめ続けました。ケプラーが打ち上げられる前年（２００８年）までは、ドップラー法で発見された系外惑星は２５０個程度で、トランジット法で発見されたものは50個程度でしたが、ケプラーが打ち上がり、２０１１年2月には、最初の4ヶ月の観測データの結果から、１２３５個もの系外惑星〝候補〟を発見したと報告されました。

この「候補」天体は、後の観測から、そのほとんどが実際の系外惑星であることが確認されています。それまでは系外惑星の数は日々数個～数十個の発見が報告されるくらいでした。しかしケプラーの登場により、一気に系外惑星の数が１０００個のオーダーに突入し、発見数の上ではトランジット法による検出がその大部分を占めることになりました。実際、以前は、一般講演に行く前日くらいに系外惑星の最新の発見数を確認してから、「今は何個見つかっています」という話をご紹介していたのですが、４０００個を超えた現在では、あまり細かい数字に重要性がなくなってきたので、最近では「４０００個以上あります」と言ったざっくりしたお話をしています。あまり細かい数字に拘らない理由の一つとして、ケプラーが最初に見つけるのはあくまで「候補天体」だということもあります。

この「候補天体」とは、それがまだ系外惑星かどうか、確証がないということを示しています。例えば、１パーセント程度の減光を確かな精度で検出したとしても、まだそれが系外惑星による減光と確定することはできません。なぜかと言うと、トランジット探査用の望遠鏡は、視野の広さと測光精度を最優先に考えていますから、空間分解能力をある程度犠牲にしています。そのため、その系外惑星候補天体の後ろに普通の変光星がたまたま同じCCDの1素子（カメラの1画素のようなもの）に入ってしまうと、それを区別することができません。たまたま普通の恒星と視線方向で同じ方向に重なって変光星がある場合、そのような天体を「擬検出」として捉えてしまいます。その後、地上から詳しく観測し確かめることで、確実な「系外惑星」となります。

ケプラーは2018年に観測は終了していますが、今もその膨大なデータをもとに系外惑星探査は継続して行われています。現在はその後継機であるNASAのトランジット系外惑星探査衛星TESS（2018年4月打ち上げ）が、全天におけるトランジット探査を継続しています。

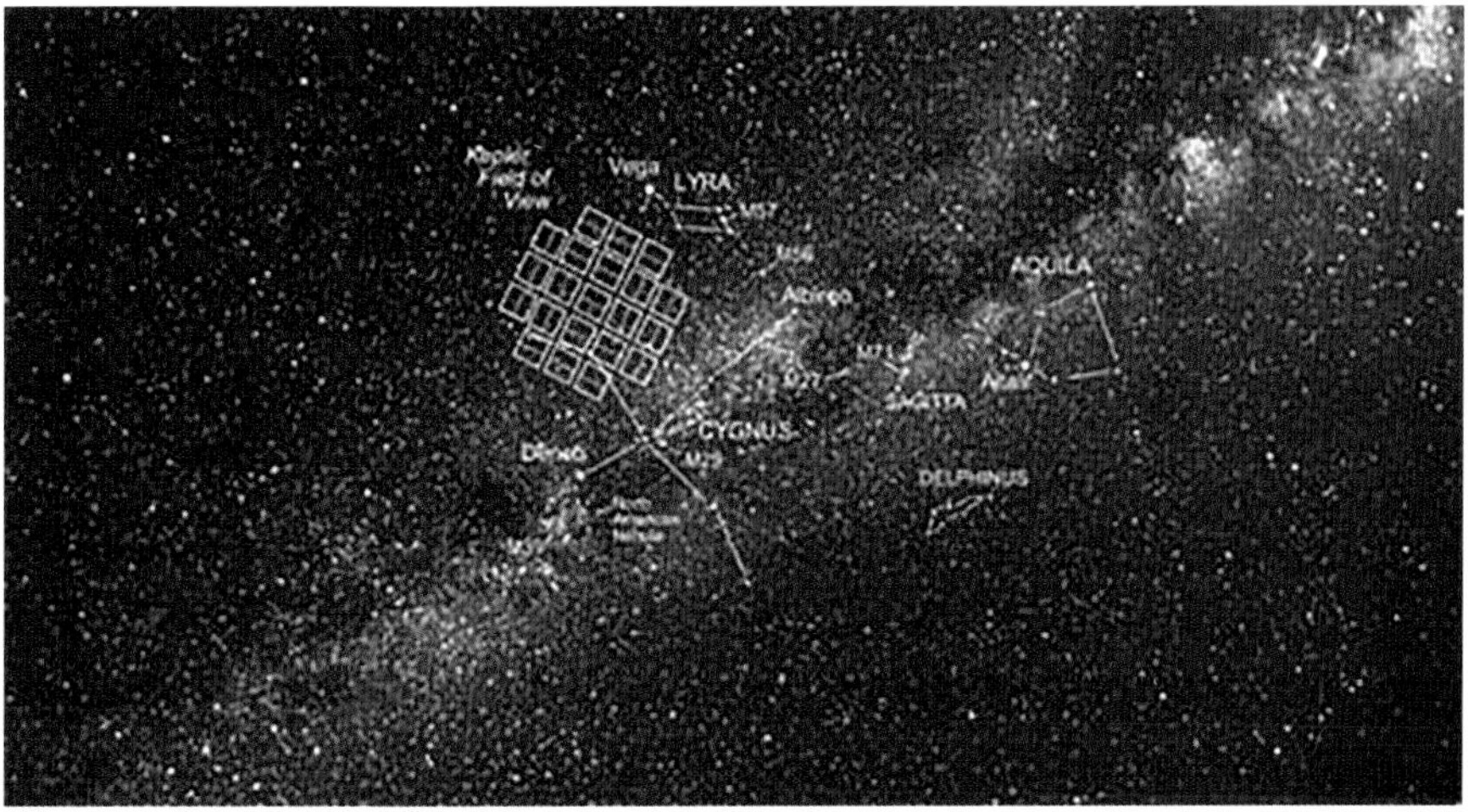

ケプラーが観測していた領域。はくちょう座の片翼の領域 ©NASA

「地球によく似た」惑星たちとは？

地球に似た惑星？

ケプラーの活躍により、本来のミッションでもあった地球型の系外惑星も見つかるようになりました。特に2010年代中頃には、「地球の兄弟惑星」や「地球のいとこ」といった地球型惑星発見のニュースが相次ぎました。どのニュースでも、「地球に最も似ている」という言い方はしても、「第2の地球」という表現は微妙に避けたニュースが多かったと思います。

地球型の系外惑星も見つかり始めると、なんとなく第2の地球も見つかっているような印象を持つかもしれませんが、おそらくみなさんが想像されるような、地球型惑星は今のところ見つかっていないと言って良いでしょう。「地球のような系外惑星」と言われると、どのような惑星をイメージされるでしょうか。表面に水をたたえ、緑が茂る自然豊かな岩石でできた美しい惑星をイメージされるのではないでしょうか。実際には、現在見つかっている地球型の系外惑星で、そこまで詳細にわかっている系外惑星はまだありません。

そもそも、この時にニュースになったものや、現在見つかっている地球型惑星というものは、何をもって「地球に似た惑星」と言っているのでしょうか。似ているのは、単純に、「系外惑星の質量や半径が地球の大きさに近い」という点のみです。ドップラー法とトランジット法を

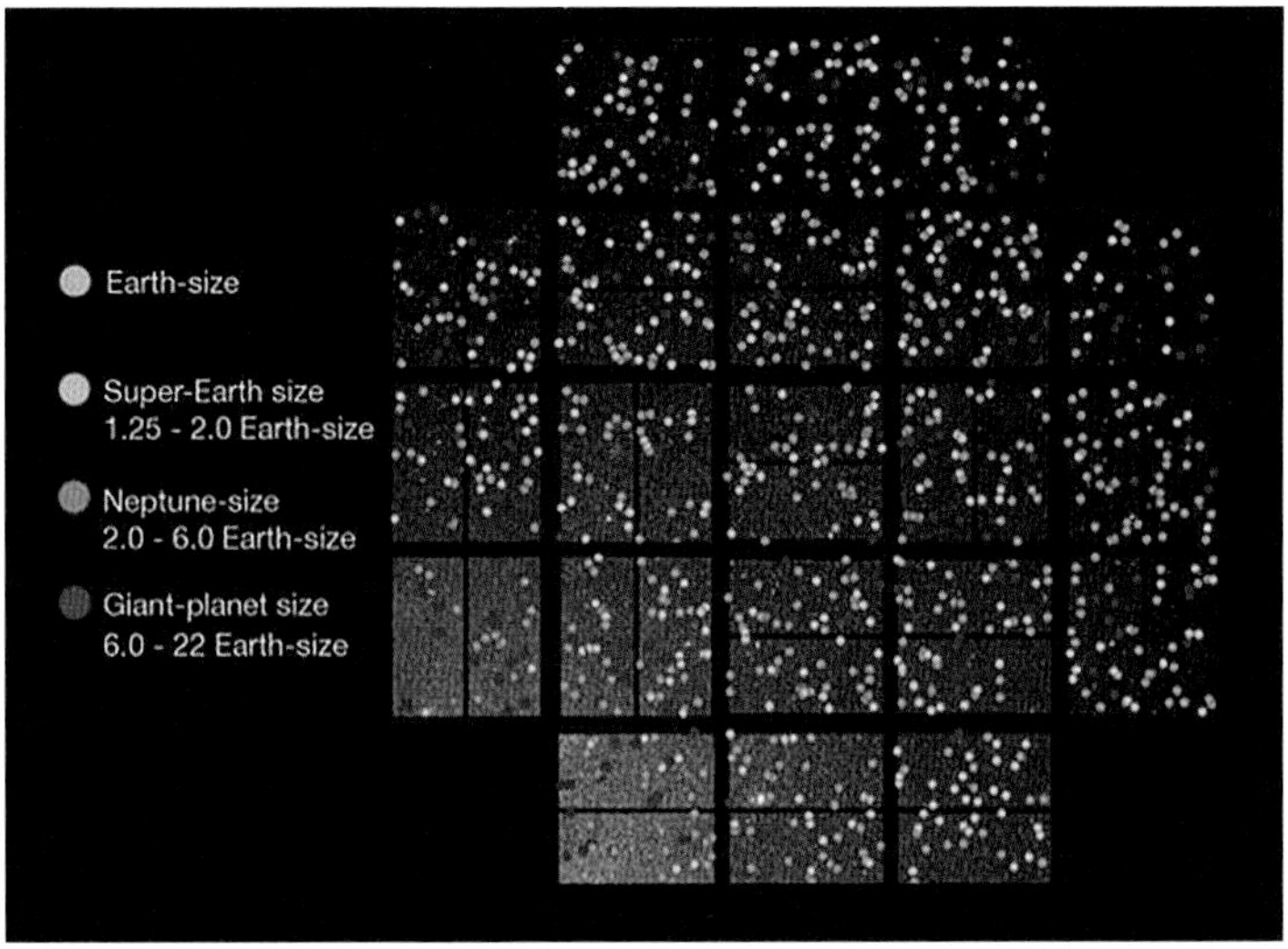

ケプラーが発見した惑星の分布。水色が地球サイズ、緑が地球の1.25—2.0倍、オレンジが地球の2—6倍、赤が地球の6—22倍の大きさ　©NASA/Wendy Stenzel

合わせると、系外惑星の重さと大きさの情報がわかるため、そこから大体の密度を見積もることができ、その系外惑星が小さな岩石惑星か大きなガス惑星かを区別することができます。「地球サイズのガス惑星はないの？」と思われるかもしれませんが、地球サイズほど小さなガス惑星はありません。ガスを集めるためには、まずは地球よりもっと大きな岩石惑星が必要で、その岩石惑星がガスを集めてガス惑星となります。

異形の惑星が見つかり始め、いくつか理論の修正が必要という状況ではありますが、基本的な惑星の形成の物理自体が根本的に変わったわけではありません。過去には、ガスだけが集まって惑星を形成するというモデルもあり、これを見直した理論も検討中ではありますが、この形成方法でもやはり「小さなガス惑星」というものはできません。一方、「そこそこ小さなガス惑星」というものはあります。地球の半径の4倍程度（質量で15倍程度）の大きさの系外惑星は、太陽系で言う天王星や海王星のような大きさになり、「ミニネプチューン」と呼ばれることもあります。また、地球の半径2倍程度（質量で8倍程度）までの大きさの系外惑星が見つかると、大きな岩石惑星という意味で「スーパーアース」と呼ばれます。このあたりの細かい基準はあまり明確というわけではなく、質量や半径といった情報は、もちろんある程度誤差を持って決められるために、スーパーアースと思っていても、詳細に観測したら実はガス惑星でしたということもあります。

系外惑星の名前となった「カムイ」「ちゅら」

このように、「地球のような惑星」といっても、その情報は限られているため、NASAなどが出している、綺麗でまるで「見てきたような」系外惑星の姿は捉えられていません。現在では、かろうじて、その系外惑星の大気の成分が大雑把にわかるかどうかという程度です。それ以上は、惑星の大きさと重さ、その軌道からわかる環境、主星の明るさなどから想像力を膨らませて、系外惑星の姿や、その中の風景などが描かれているのです。

ちなみに、系外惑星の名前の付け方は、目で見える明るいものは［星座名］＋［番号］（例・51 Peg，ペガスス座51番星）と付けられますが、それ以外は基本的に［カタログ名］＋［番号］＋［b，c，d……］とつけられます（例・HD209458b）。星の名前も、無数にある星にそれぞれ名前をつけるのは大変なので、天体の位置を測ったカタログの番号がつけられていますから、複数のカタログに載っている天体は、複数の名前を持ちます。その天体が伴星を持っている場合、主星を［A］として、伴星を［B］とします。伴星が恒星ではなく惑星だった場合、それが小文字になって、［b，c，d］……とつけられます。ケプラーによって発見された系外惑星も、このように［Kepler］＋［番号］＋［b，c，d……］という名前の付け方になります。

　もちろん、それでは味気ないと思った人も多く、ＳＦでも多様な名前がつけられている系外惑星に名前が番号とアルファベットの符号だけというのももったいないことから、２０１５年と２０１９年に太陽系外惑星命名キャンペーン（NameExoWorlds）が行われました。どちらも国際天文学連合（International Astronomical Union, IAU）による国際プロジェクトで、世界中から確実に存在するとわかっている一部の系外惑星について、名前を募集しました。そこで、２０１９年には日本の国立天文台が持っているすばる望遠鏡と岡山天体物理観測所（当時）１８８ｃｍ反射望遠鏡で発見された惑星系について、日本から名前が取り上げられました。その惑星系はかんむり座にある恒星ＨＤ１４５４５７という恒星と、その周囲にある系外惑星ＨＤ１４５４５７ｂです。主星のＨＤ１４５４５７には「カムイ（Kamuy）」、系外惑星のＨＤ１４５４５７ｂには「ちゅら（Chura）」と命名されました。どちらの名称も日本における自然に対する尊敬と畏怖の思いです。これらは日本で消滅の危機にあるアイヌ語（主に北海道地域に居住するアイヌ民族の言語）と琉球語（主に沖縄県と鹿児島県奄美群島で用いられる言語もしくは方言）から選ばれました。

　２０１５年の命名キャンペーンでも、１８２の国から50万票以上の参加もあり、14の恒星とその周りを回る31の系外惑星に命名されました。名付けられたものはそれぞれ土着の神話や言葉に由来するものが多いようです。多くの人からの参加もあったので、またどこかで系外惑星の命名キャンペーンがあるかもしれません。どんな惑星にどんな名前がふさわしいか、想像してみるのも楽しいですね。

　名付けられた名前を知りたい方はこちらに２０１５年に命名された系外惑星一覧があります。（https://www.nao.ac.jp/news/topics/2015/20151215-nameexoworlds.html）
IAU の本家のページはこちら http://www.nameexoworlds.iau.org

ハビタブルゾーン

「生命居住可能領域」はどこなのか？

実際に惑星の模様が見えるわけではなくても、やはり「地球のような惑星」と言われると、そこに生命がいる可能性があるのか気になるものです。ただのSFではなく、どこまで科学的に、「その惑星に生命がいるのか」を調べることができるのでしょうか。

そこでキーワードになるのは、「液体の水」と「ハビタブルゾーン」という概念です。「水じゃないとだめ？」かどうかについては、6章で少しご紹介するので、ここではまず液体の水を念頭に置いて、ハビタブルゾーンについてご紹介します。

「ハビタブルゾーン（Habitable zone）」とは、直訳すると「生命居住可能領域」などとよばれることもあり、文字通り、生命が生存できる領域を指す言葉です。この領域に地球サイズのちょうど良い岩石惑星があると、詳細はわからなくても「ハビタブルプラネット」として生命が存在する可能性がある系外惑星の候補となります。ハビタブルゾーンの考え方は、H_2Oの水が液体で存在する領域のことをいいます。主星に近すぎるところを回っている岩石の系外惑星は主星の光に炙られ、液体の水が蒸発し、灼熱の惑星となります。逆に、主星から遠すぎると主星からの光があまり届かないので、氷で閉ざされた惑星となります。そのちょうど中間、主星からの光が程よく届き、液体の水が存在できる領域を「ハビタブルゾーン」と呼びます。

太陽系のハビタブルゾーン

主星からの放射強度だけで考えると、シンプルなハビタブルゾーンの位置がわかりますが、実際にはそれほど簡単ではありません。その理由は、惑星の大気にあります。もちろん地球には液体の水が安定して存在しており、太陽系におけるハビタブルゾーンの中に入っています。地球の衛星である月もハビタブルゾーン内にあります。

月にはH_2Oの氷があることはわかっていますが、ハビタブルゾーン内であるにもかかわらず、液体の水はありません。月の半径は地球の半径の四分の1程度と小さく、質量も地球の1%ほどしかありません。そのため、月の表面には大気がほとんどなく、ほぼ真空状態です。この状態では、氷が月の表面にあったとしても、固体から液体の状態にならずに直接気体になります（昇華）。昇華したH_2Oは水蒸気となって月表面に出たとしても、月の重力が弱いので、水素（H）などは太陽からの放射によりたやすく宇宙空間に飛ばされてしまいますから、やはり月に液体の水は残りません。このように、ある程度惑星が大気を保持できる状態であることが必要です。

また、単純に大気と言っても、その大気が温室効果ガスを大量に含んでいる場合、ハビタブルゾーンでも主星に近いところにいると、暴走温室効果という状態になり、表面が超高温の金星のような灼熱の惑星になってしまいます。一方で、多少主星から遠い場所でも、温室効果ガスが豊富な惑星は温室効果により温められ、液体の水を保持することができます。このように、一口でハビタブルゾーンといっても、惑星の大気組成との関係で、その位置が変わってくるため、実はその位置を決めることは難しいのです。

さらに、水素ガスも実は効果的な温室効果ガスであるため、惑星が水素の大気を纏っているかを調べることも重要です。

地球は「水の惑星」と呼ばれることもあり、確かに地球の表面の7割程度は海ではあるのですが、その深さは平均して4キロメートル程度のため、地球の質量で考えると、水はたった0・02％程度しかありません。系外惑星の中には、表面がほとんど陸といった「陸惑星」と、表面のほぼすべてが海に覆われている「海惑星」とがあります。これらも直接海を見たわけではありませんが、惑星の大きさや重さからいくつかの惑星の組成を考えるとそういった惑星があると考えられます。このような海の量や惑星大気の情報などを踏まえ、惑星の性質をさらに明らかにすることで、その惑星系でのハビタブルゾーンを具体的に見極め、その中で生命の可能性がある惑星を探すという研究が進められています。

この章の最後に、地球と似ていると言われている系外惑星とそのハビタブルゾーンについて少しご紹介します。

Kepler-452b

Kepler-452bは2021年現在、最も地球に似ていると言われている系外惑星の一つです。この天体は名前から分かる通り、ケプラー宇宙望遠鏡によって発見された系外惑星です。2015年に発表されたこの系外惑星は、大きさが地球の1.6倍ほどの半径のスーパーアースです。主星（Kepler-452）までの距離が地球から1400光年と遠いため、質量は正確には測定されていませんが、おそらく岩石惑星だと言われています。主星の質量は太陽と似ていますから、大きさや表面温度が太陽と近く、この系外惑星は、主星の周りを385日程度で公転しています。主星が太陽と似ていることと、系外惑星のKepler-452bの公転周期は地球の一年と近いことから、この主星はハビタブルゾーンの中に入っています。また、この系外惑星から見た主星は、地球から見た太陽と同じように見えるのではないかと期待されています。

そのため、ちょっと地球よりは大きいけれども、現時点では「最も地球に似ている系外惑星」として紹介されることがあります。今後、この系外惑星の大気成分や詳しい組成などの解明が期待されますが、この惑星までの距離が遠いため、詳細な分光観測が難しいというのが現状です。ケプラーにより発見された系外惑星の多くに言えることですが、広い視野に多くの天体を入れるため、見ている天体の距離が遠いということが多くあります。ケプラーによって地球型の惑星が多くありそうだということがわかったので、今後はもっと近くの「地球のような惑星」の詳細な観測が進められます。

Kepler-186f

Kepler-186fはこちらも、ケプラー宇宙望遠鏡によって発見された系外惑星です。この惑星の主星（Kepler-186）はKepler-452と比べて比較的近く、約５００光年程度の距離ですが、太陽より暗く小さい「赤色矮星」と呼ばれる種類の恒星です。ここで発見された系外惑星Kepler-186bは、公転周期が１３０日程度と短く、太陽系で言うところの水星と近い軌道になっています。ただし、主星が太陽より暗く小さいため、この惑星系ではちょうどこの位置にハビタブルゾーンが来ると見積もられています。さらに、この系外惑星の半径は地球の1.1倍、質量は正確には見積もられていませんが、岩石惑星と考えられます。大きさとしては地球と近いのですが、主星が太陽より暗い恒星であるため、「地球のいとこ」として紹介されることがあります。

半世紀にわたる暗黒時代を乗り越えた系外惑星研究ですが、現在では、どうやら地球の兄弟やいとこのような系外惑星は、実はありふれているということがわかってきました。そうなると、やはり「そこに生命は？」と思うのは自然な流れです。この次からは、そういった研究がどういう風に進められるのか、紹介していきたいと思います。

系外惑星ケプラー186f の想像図　©NASA Ames/JPL-Caltech/T. Pyle

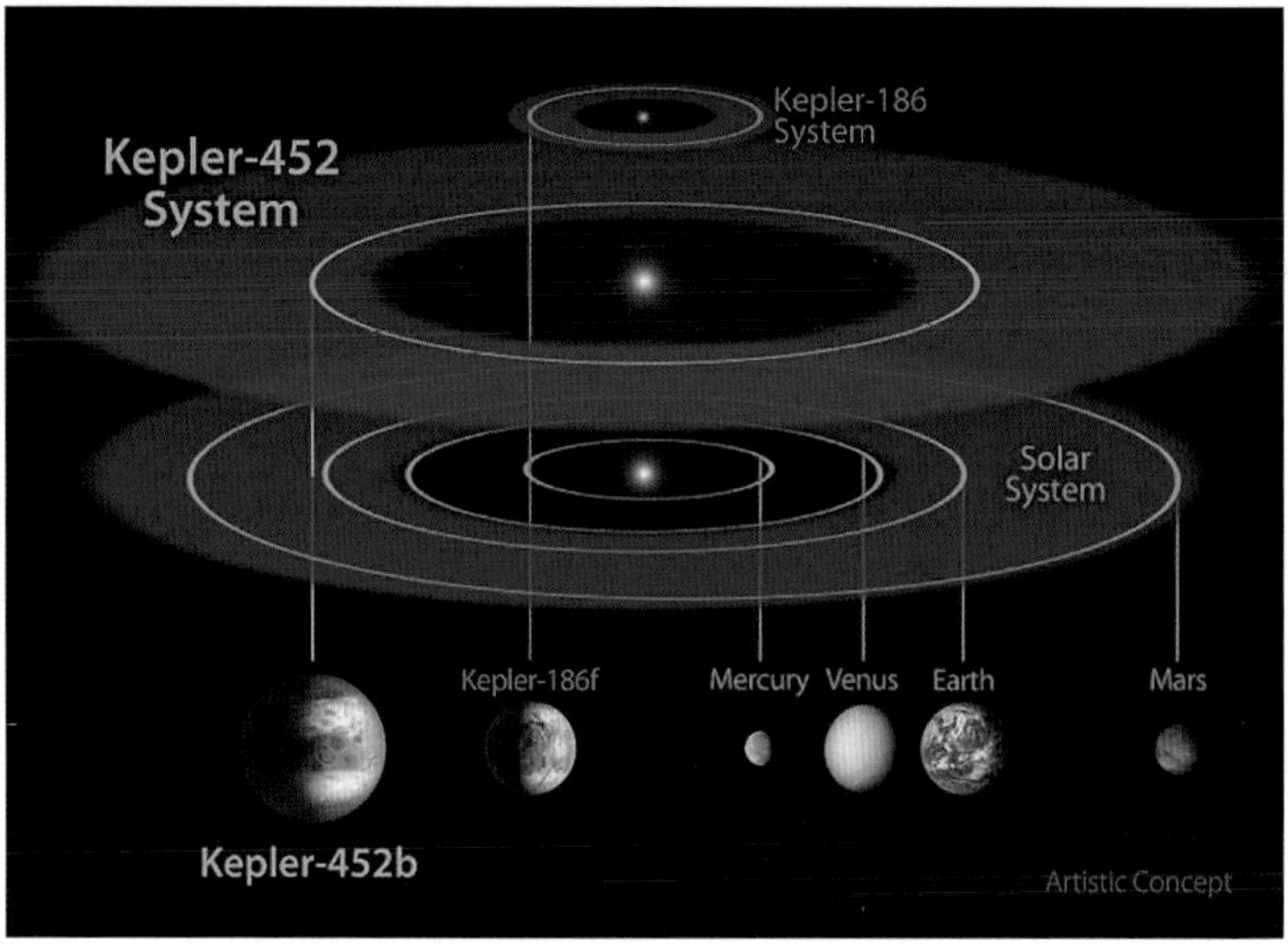

Kepler-186, Kepler-452の惑星系と太陽系の比較。系外惑星の模様は想像図。緑の領域がハビタブルゾーン。Kepler-186は主星が暗いため、ハビタブルゾーンが内側になる　©NASA/JPL-CalTech/R. Hur

ハビタブルゾーン?ゴルディロックスゾーン?

「ゴルディロックスゾーン」という言葉を聞いたことがある人もいるかもしれません。あまり専門的には使わない単語ですが、意味としてはハビタブルゾーンと同じです。これは、イギリスの童話「ゴルディロックスと三匹のクマ」に因んだ名前です。「ゴルディロックス」と聞くと「金色の岩?」のようなゴツい印象も受けますが、どうやら「金髪」を意味するgold「金」+lock「巻き毛」(鍵ではなく)からきたもののようで、ゴツいどころか金髪の女の子が登場する童話です。

この物語は、ゴルディロックスが森を歩いている時、ある家を見つけるところから始まります。ノックをしても返事がないので、中に入っていきます。キッチンのテーブルにはおかゆが3つ置いてあり、ゴルディロックスは順番に味見をしていきます。1つ目は熱すぎ、2つ目は冷た過ぎ、3つ目はちょうどいい温度だったので、3つ目のおかゆを全部食べてしまいます。おかゆを食べ終わったゴルディロックスは、疲れたので居間に行って座ることにしました。居間にも椅子が3つありましたが、実際に座ってみると、1つ目は大きすぎ、2つ目はさらに大きく、3つ目はちょうどいい大きさでした。3つ目のちょうどいい大きさの椅子に座ったら、椅子が壊れてしまいました。その後、眠くなったので寝室に行くとやはりベッドも3つありました。試しにそれぞれ寝てみると、1つ目は固すぎ、2つ目は柔らかすぎ、3つ目はちょうどよかったのでそこに寝てしまいました。ゴルディロックスが寝ている間に、家の持ち主であるクマの親子(父熊・母熊・子熊)が帰ってきました。キッチンでは誰かがおかゆを食べた形跡があり、そのうち小熊のおかゆは全部食べられていました。居間に行っても、誰かが椅子に座った形跡があり、そのうち1つが壊されています。寝室に行ってみると、やはり誰かが寝た形跡があり、子熊のベッドには女の子が寝ていました。目を覚ましたゴルディロックスは、起きたら3匹の熊がいるのに驚いて慌てて熊の家を出て帰りました、というようなお話です。なんであったかいおかゆをそのままに鍵もかけずに熊が全員で出ていったのかとか、誰もいないからって勝手に家に入るってどうなんだろうとか、ツッコミどころはいろいろありますが、あくまで童話なので細かいことをとやかく言うのは無粋というものでしょう。ともあれ、ゴルディロックスはなかなかやんちゃな女の子のようですね。童話の多くはモラルや教訓を子どもに伝えるものが多いですが、この物語には特にそういったものはなさそうです。ただ、女の子が熊の親子の家に行っていたずらして逃げ帰ったという物語は、よくわからないけどハラハラする物語として人気があるそうで、絵本も多く出ています。

この童話のおかゆのように、熱すぎず冷たすぎない、「程よい領域」という意味で「ハビタブルゾーン」と同様に「ゴルディロックスゾーン」と呼ばれることもあります。また、その領域にある岩石惑星を「ハビタブルプラネット」と呼びますが、それと同様に「ゴルディロックスプラネット」などと呼ばれることがあります。

ゴルディロックスと3匹のクマ　出典:ウィキペディアより

第5章

近未来の地球外生命探査

火星探査の現状

火星に移住できるのか

火星探査については、第3章でこれまでの状況を紹介しましたが、「火星の生命」も期待しては打ち砕かれということを繰り返しています。そんな中、最新の探査機による詳細な調査により、興味深い新しい結果がいくつもでてきました。注目されたものの一つは、火星の氷の発見です。これまでに火星を周回していた探査機により、火星の北極や南極には大量の氷の存在が推定されていましたが、実際に高緯度に着陸した探査機フェニックスによって、地面を掘削した場所に氷が発見されました(図・フェニックスが撮影した掘削跡の氷)。掘削した日陰の部分に白い塊が見られ、数日後に同じ場所を撮影したところ、完全に消えてなくなっていました。蒸発して消えたと考えられ、塩の塊ではなく氷だということがわかり、火星の地下には氷

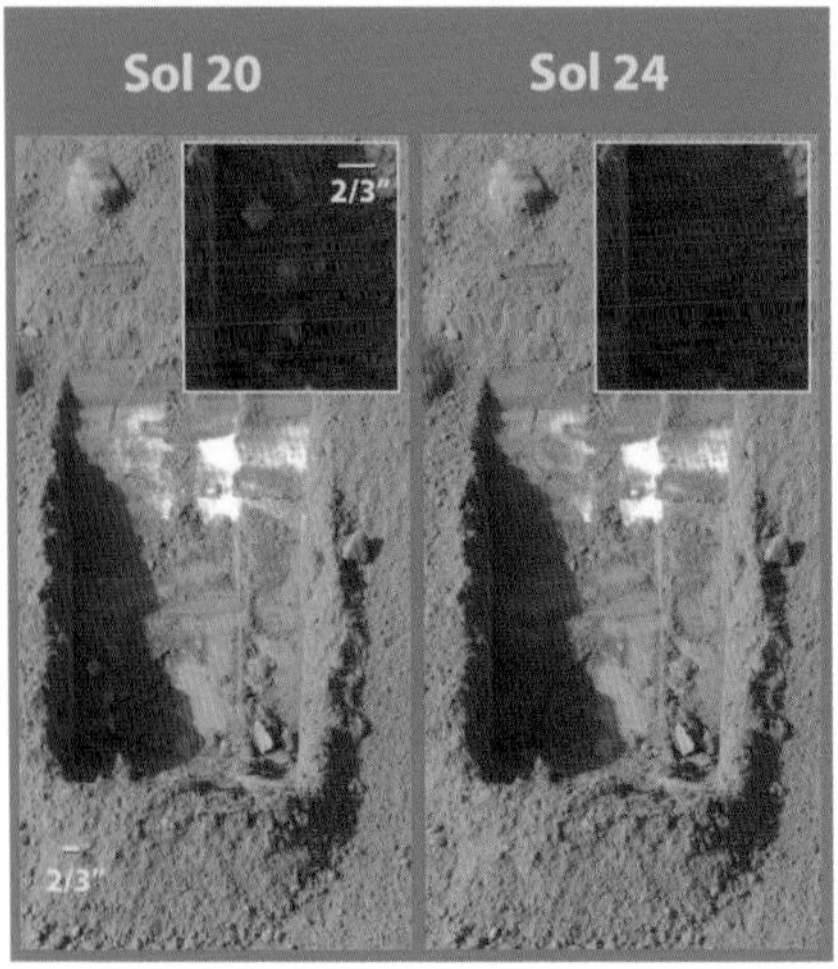

フェニックスが撮影した掘削跡の氷。影の部分の拡大図が右上
©NASA/JPL

の層があると考えられます。さらに、火星の地形や、鉱物に含まれる成分から、液体の水がないと存在しえないものもあり、太古の火星には海があったとも考えられています。また、最近の成果で、地下に液体の水がある可能性も示唆されており、今後の調査も期待されています。

さらに、今後の探査計画としては、地球からの移住先の第一候補としても注目されているため、火星へ移住できる環境を整える計画などが考えられています。地球からの距離としては金星の方が近いのですが、地球の生命が生きていくには過酷すぎる環境のため、移住することになるとすれば、最初のターゲットは火星が有力です。ただ、現実的には技術的ハードルも高く、地球環境を整えることと比較して考えると、「火星への移住」自体は、将来の選択肢の一つといったところでしょう。

これからの日本の火星探査

これまでの経験を経て、現在日本の火星ミッションがどうなっているかというと、MMX計画というミッションが宇宙航空研究開発機構JAXAで進行中です（図・MMX軌道計画）。MMX（Martian Moons eXploration）は、2020年代半ばでの打ち上げを目指している「火星の衛星からのサンプルリターン計画」です。

火星を直接探査しなくても、数十億年にわたり火星から噴出したものが堆積している可能性がある衛星を探査することで、火星表層の進化の情報を得ることができます。生命を持つ地球と似た表層環境を、かつて保持していたと考えられる火星を調べることで、「生命に至る惑星等の起源と進化」を地球のアナロジーとして調べることができます。また、サンプルリターン計画としても、火星表層から戻るためには地球より小さいとはいえ、火星の重力を振り切って再び安全に飛び立つ必要があります。火星の衛星は、火星本体から脱出するよりははるかに小さいエネルギーで済むため、間接的に火星表層の物質を地球へ持ち帰ってくることが可能です。

一方で、火星表面に生命が存在して、それがたまたま火星の衛星へたどり着いている可能性なども考慮する必要がありました。たとえ30グラム（目標は10グラム程度）のサンプルを採取したとしても、その中に1個でも微生物が含まれている確率はかなり低いと見積もられ、計画自体は安全に実施できるとの報告がされました。生命を探しに行くのか、いないことを確認しに行くかわかりにくいところではありますが、サンプルリターンとなると、未知の生命による地球への影響も検討する必要があるため、このあたりはどうしても慎重に実施することになります。

火星で何が見つかると生命につながるのかというと、かつて火星に存在したかもしれない太古の有機物の痕跡などを得ることができれば、火星が生命の存在できる環境であった可能性についての大きな手がかりを見つけることができるため、期待されています。

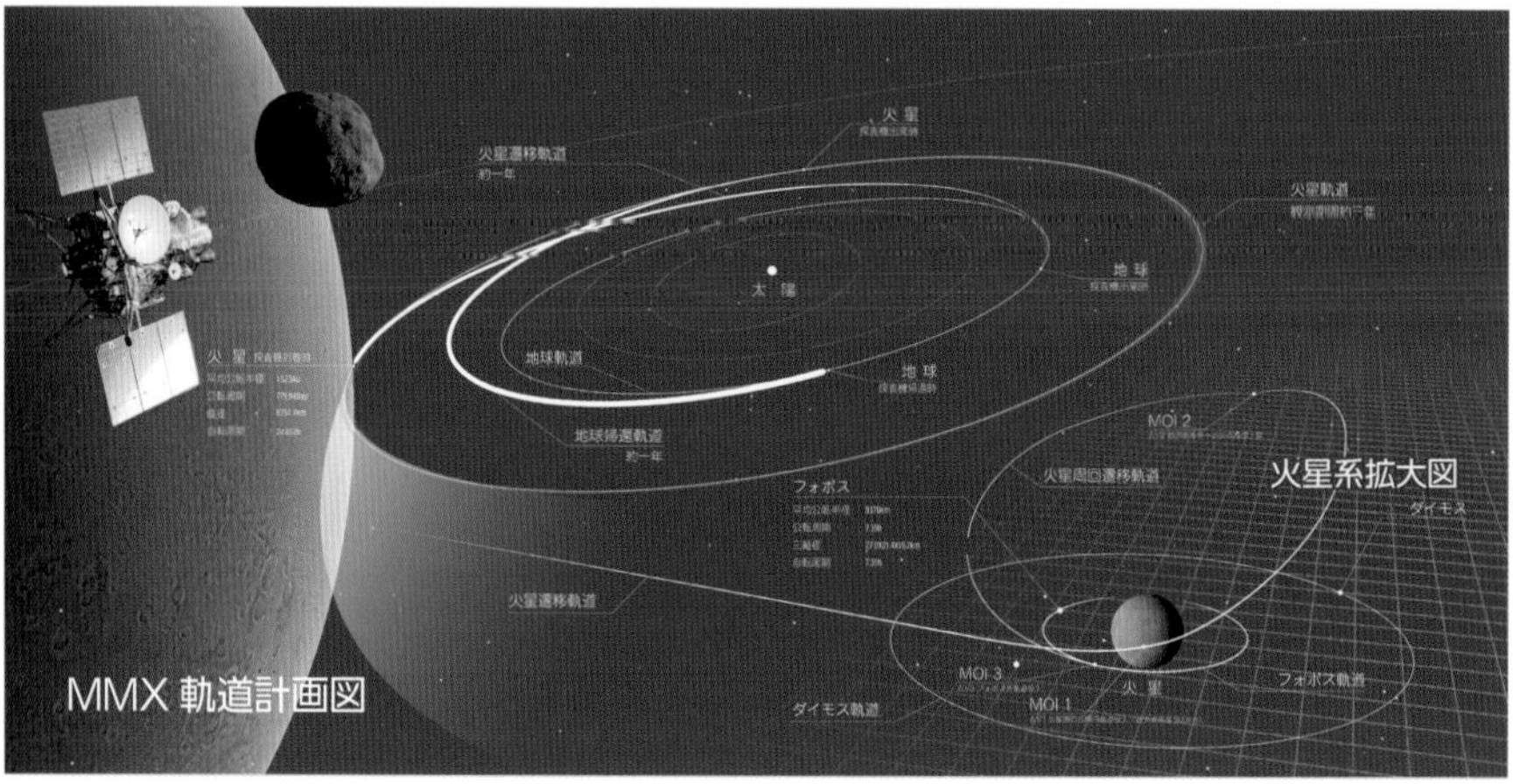

MMX軌道計画図　©JAXA

「はやぶさ」そして「はやぶさ2」へ

小惑星探査機「はやぶさ」は日本のJAXAが打ち上げたサンプルリターンを目的とした探査機です。2004年に打ち上げ、小惑星「イトカワ」の表面物質を回収し、2010年6月にそのカプセル地球に持ち帰ることに成功した探査機です。はやぶさは60億キロの旅をしてきたとよく言われます。地球と太陽の距離が1億5千万キロに対し、地球に比較的近い小惑星「イトカワ」に行って戻ってくるために、地球と太陽20往復分の距離を旅した計算になります。このはやぶさはさまざまなトラブルをくぐりぬけ、地球へ小惑星の表面物質のサンプルリターンを成功させ、世界初の「往復の星間飛行」を達成しました。はやぶさが経験した試練やそれを乗り越えた技術者・天文学者の物語は、映画が3本も作られてしまうレベルですから、講演などでも1時間では足りないくらい思わず熱く語ってしまいます。帰ってきたカプセルの展示などを見に行ったときに、たまたま開発者の一人で、最後にカプセルを切り離す機構を作った方と話すこともでき、あまり日の当たらないたくさんの努力の結晶が、公表されるサイエンスの成果の裏側にたくさんあることを実感しました。

そして2020年12月6日、「はやぶさ」の後継機となる「はやぶさ2」が小惑星「リュウグウ」からとってきた物質が入ったカプセルを、6年で50億キロの旅路の果てに、地球に届けてくれました。「はやぶさ」は満身創痍で地球にたどり着き、カプセルを離した後、自らは大気圏に突入して燃え尽きるという運命をたどりましたが、「はやぶさ2」はカプセルを地球に届けたあと、次なる小惑星へ向かっています。彼らが届けてくれた小惑星の物質は、太陽系が誕生した時代の記憶を比較的よく留めているため、地球や生命の起源を知る手がかりになることが期待されています。

ハビタブルゾーン以外の生命の可能性のある領域

太陽系における地熱

ハビタブルゾーンについては、この前の章の最後にご紹介しました。基本的には、主星からの距離に応じて程よく暖かい「液体の水が存在するところ」と説明しましたが、「生命が存在できる場所」という意味では、生命の可能性を考えるのはこの場所だけでよいのでしょうか。言い換えると、液体の水が存在する場所とは、ここだけなのでしょうか。地球でも、太陽の光はもちろん大事な熱源ではありますが、他にも温泉など、太陽の光に依存しない熱源がありま す。地球の温泉は地熱によって温められた熱水が地上にでてきたもので、地球の地熱は、基本的に地殻活動によって生じる熱エネルギーです。このように、もし他の惑星にも地熱があれば、たとえ太陽からの距離が遠く、氷の惑星でも、液体の水が存在できる可能性があります。ただし、太陽系の中には地球を除き、地殻活動がある惑星は現在ありません。そのため、太陽系では地球と同じ地熱の発生メカニズムは考えにくいというのが現状です。

ただし、「惑星以外」であれば、もう少し可能性がある天体があります。それが木星や土星の衛星たちです。木星は太陽から約5天文単位(地球と太陽の距離の5倍)の距離にあり、ハビタブルゾーンの完全に外側を公転していま す。この環境では、たとえ水がある岩石の衛星でも、その表面は液体の水として存在できず、凍っているはずです。しかし、木星の衛星であるイオでは、火山があることが知られています(図・ガリレオ探査機による熱放出マップ)。地球の火山は地殻活動によってマグマが地表に出てきたものですが、イオには同じような地殻活動がありません。そのため、イオの内部の主な熱源は、木星の大きな引力によって生じる「潮汐作用」によるものと考えられています。地球にも働いている「潮汐作用」は、地球では主に月の引力により、海の満ち引きが起きる作用です。これがイオの場合、木星の大きな引力により、イオ自体も歪められ、その結果イオの内部で熱が生じ、火山活動が引き起こされています。イオ自体は、水をほとんど含んでいない衛星なのですが、ハビタブルゾーンの外側で、表面が氷で覆われているような衛星があれば、地熱で液体の水が存在するという可能性があり、そのような環境では、もしかしたら生命が存在する可能性があるのではないかと期待されています。この点については、このあとで少し詳しくご紹介します。「水以外の液体は?」と思うかもしれませんが、これについても別の章でご紹介します。

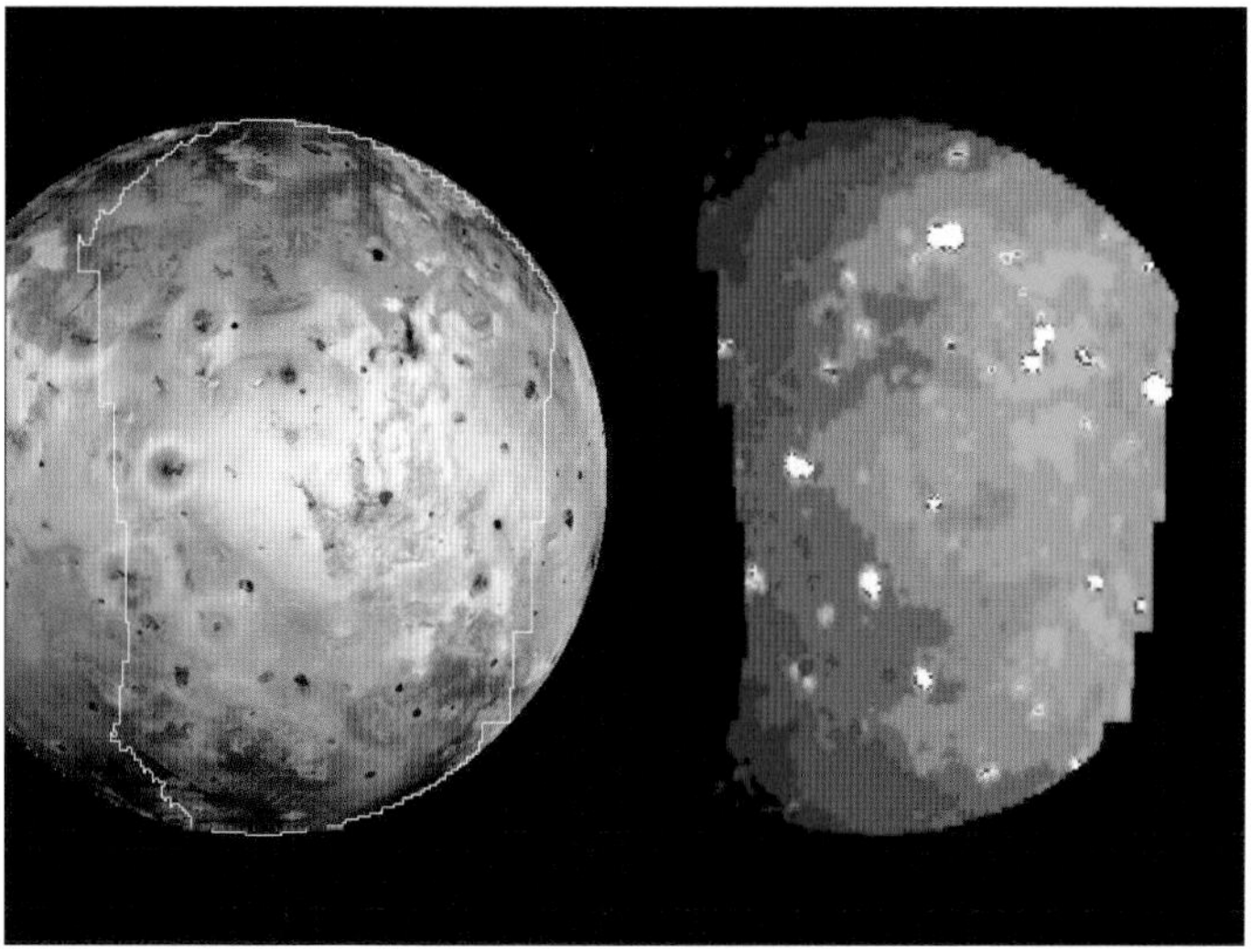

ガリレオ探査機によるイオの熱放出マップ。右側の白・赤・黄色の箇所が熱源
©NASA/JPL/University of Arizona

白色矮星周りのハビタブルゾーン

ハビタブルゾーンといった場合、その多くは太陽の様にいわゆる「ふつうの恒星」の周りを指します。これは、星が誕生したタイミングで、惑星も同じ時期に誕生し、主星となっている恒星の一生の期間にハビタブルゾーンに存在する惑星を探すことが太陽系と似たような惑星を探す近道だからです。しかし、2020年9月に興味深い発見がありました。それは、白色矮星という天体の周りに巨大惑星（候補）が発見されたというものです。白色矮星とは、恒星がその一生を終えたあとの一つの形です。恒星は、その重さに応じてその寿命（水素による核融合で光っている期間）やその最期の姿は異なり、白色矮星は、太陽と似た様なサイズの恒星がその一生を終えた後の姿です。太陽質量の8倍以下の恒星は、最期に近づくと膨張したり収縮したりといった脈動を起こして不安定になり、その最期に恒星の外層を放出します。その後、中心部に残された恒星の燃えかすのような天体が「白色矮星」です。この天体は、重さは太陽と同程度でも大きさは地球ほどしかない非常に高密度な天体です。よく言われるたとえとしては、角砂糖一つに1トンという密度です。白色矮星は自分で光っている天体ですが、大きさが地球程度しかないため、発見された巨大惑星候補の方が大きいという「小さな太陽と大きな惑星」という奇妙な関係になっています。

このように、星の一生を終えた後の天体の周りに巨大惑星（候補）が存在したということは、その恒星の終末期に起きた変動や、表層ガスの放出を惑星がくぐり抜け、壊されずに存在し続けられるということを示しています。これまでも、白色矮星の周りでは、惑星が破壊されたあとの残骸と考えられる微惑星が公転している例は発見されていますが、破壊されていない巨大惑星候補は新しい発見でした。

恒星は一生を終え、白色矮星となったばかりの頃は、表面温度が10万度という高温の天体ですが、その後は約20億年かけて太陽と同じくらいの温度になり、それから約80億年かけてゆっくり冷えていきます。また、白色矮性は地球程度の大きさしかないため、恒星と同じ表面温度でも、放出する光のエネルギーが普通の恒星にくらべてとても小さくなります、白色矮星周りのハビタブルゾーンの位置としては、白色矮星に近い位置で、公転周期としては10時間程度より短くなります。そのため、白色矮星の周りの公転周期10時間程度より内側に岩石惑星があった場合、そこでは液体の水を維持できる温度が数十億年は存在できることになります。

地球の歴史を鑑みると、数十億年あると、条件さえ整えば、そこで生命の可能性も考えられないこともありません。人類は、地球が誕生してから約46億年で科学的に宇宙を捉えられるようになりました。もし、白色矮星の周りで知的な生命が誕生し、宇宙を観測して私たちと同じように星の進化を解明したとしても、おそらく彼らにとっての『普通の星』というのが白色矮星のような星で、「この『普通の星』は誕生したときははるかに巨大で活発な時期があり、重すぎると『普通の星』になれず爆発してしまう」というように理解されるかもしれませんね。ちなみに、太陽もそのうち白色矮星になりますが、そのときの地球の軌道では、白色矮星のハビタブルゾーンにはいないはずなので、一度滅びた人類の遺産が、遠い未来に新たに生まれた生命に「ロストテクノロジー」として発見される……なんてことは多分ないでしょう。

白色矮星WD1856(手前)を公転する「無傷の」巨大ガス惑星(奥)の想像図
©NASA's Goddard Space Flight Center

衛星の地下海：エウロパ・エンセラダス

氷の衛星と潮汐加熱

ちょっとSFっぽい話になってきたので、もう少し近いところに戻りましょう。木星の衛星であるイオと同様、潮汐加熱によって地熱が発生している衛星があります。それが、木星の衛星であるエウロパと、土星の衛星であるエンセラダスです。

まずは木星の衛星であるエウロパからご紹介しましょう。エウロパは、木星を周回する代表的な4つの「ガリレオ衛星」の一つで、文字通りガリレオによって発見された衛星です。木星には2018年10月時点で79個の衛星（木星の衛星は新しく発見されたり、木星に落ちたりして数が変わります）がありますが、その中でもガリレオ衛星は400年前の低倍率の望遠鏡で発見されたくらいですから、今なら小さな望遠鏡や双眼鏡などでも見ることができます。そんなエウロパは、ガリレオ衛星の4つのうち一番小さな衛星で、月よりわずかに小さいという大きさ(半径約1，600km)です。木星からは、一番内側がイオ、2番目がエウロパという距離に位置し、エウロパは、表面を氷で覆われた衛星として知られています。そして、イオと同様、木星の強い重力で衛星自体が歪められ、表面の氷の地殻に割れ目が生じています。この潮汐力により、地熱が発生していると考えられていて、氷の表面の下には液体の海が存在していること

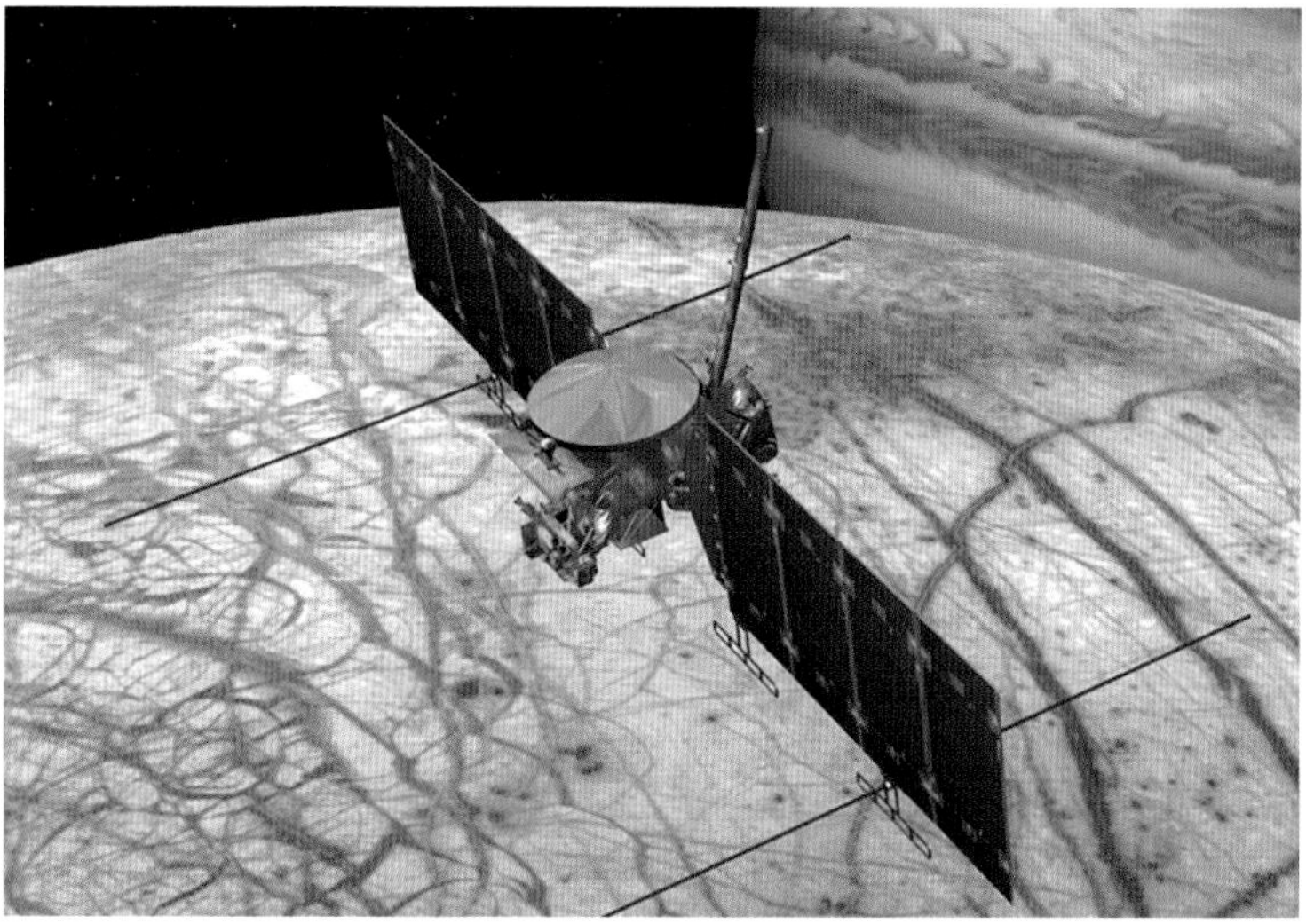
エウロパの表面と、無人探査機エウロパ・クリッパーの想像図　©NASA/JPL-Caltech

がほぼ確実視されています。地球でも、海底にブラックスモーカーのような熱源があるように、氷の塊の衛星でも、その内側に熱源があれば、その内側部分だけ溶けていると考えられています。

実際、2012年に、ハッブル宇宙望遠鏡により得られたエウロパの画像から、エウロパの南極付近から噴出している水蒸気と思われるものが検出されました。画像の解析から、噴出物の高さは氷の表面から約200kmにもおよぶ高さまで達していることが示唆されています。

これが実際に水蒸気の噴出であれば、地下の海から噴出されたものですから、それを実際に調べることができれば、地下にある海の成分などを調べることができます。もしそこに生物由来の有機物があれば、何かしらの生命がいる可能性が高くなります。

エウロパの地下海については、これまでにも多くの研究があります。表層の氷の層は数10kmほどで、内部海は、100km程度の深さがあるとも言われています。地球の海の平均的な深さは4kmなので、単純に深さだけ考えても地球とは全く異なる環境です。分厚い氷に閉ざされ、約100kmの海底には太陽の光は届きませんが、木星の潮汐力によって生じる海底火山のようなものがあれば、そこにエネルギー源があるため、地球の海底のような極限生命が存在するかもしれないと期待されています。そのため、今後、無人の探査機による詳細な調査が計画されています（図・エウロパ・クリッパー）。探査機エウロパ・クリッパー）。

土星の衛星エンセラダス

もうひとつ、衛星の内部海として注目を浴びている天体が、土星の衛星であるエンセラダスです。呼び方は「エンケラドゥス」であったり「エンケラドス」だったりと、発音の問題で日本語ではいくつか表記がありますが、ここでは「エンセラダス」としたいと思います（個人的にも、現場の研究者が話すときは「エンセラダス」と言っているように聞こえます）。エンセラダスはエウロパよりさらに小さく、半径は約250kmしかありません。そのため、存在自体は以前から知られていても、あまり注目されてきませんでした。ところが、土星の探査機として打ち上げられたカッシーニが、2005年に送ってきたエンセラダスの画像により、一気に注目を集めることになります。その表面は氷で覆われ白く輝いており、南半球には後にタイガーストライプと呼ばれることになる大きな割れ目があることが明らかになりました。

エンセラダスの地下には液体の水が存在するという兆候も多数報告されています（図・エンセラダスの地下海とプルーム）。この内部海の分布や量などについては、まだ議論はされているところではありますが、内部海の深さは、数十kmの深さがあると見積もられており、これは地球の海よりは深いですが、エウロパより浅い内部海です。また、南極から水蒸気を含んだ噴出物（プルーム）が観測されています。これは、毎秒250kgもの水蒸気が最大時速2000kmを超える勢いで宇宙空間に噴出されているというものでした。さらに、カッシーニによる探査から、表面から噴出している物質の成分を調べ、その噴出物の中に有機分子も含まれていることも発見しました。これは、地下海では岩石成分と相互作用を伴う液体が存在することを示唆し、エウロパの分厚い内部海のように、海底が氷で覆われている状態ではないことを示しています。つまり、エンセラダスでは、生命に必要とされる有機物と熱源、そして液体の水という3つの要素が揃っているため、地球外生命の有力な候補地としても注目されています。

エンセラダスで現在見つかっている有機物は、まだ無生物的にも説明可能なものしかありません。もし、今後の探査機による調査などで、生物由来としか考えられない物質やその性質などが検出されると、さらに地球外生命の可能性が期待できます。さらに、もしエンセラダスのプルームから、地球とは異なる偏りをもったアミノ酸などが見つかった場合、それはエンセラダス独自で誕生した生命である可能性が高くなります。どちらにしても、宇宙における生命は全ての惑星や衛星独自のものなのか、「惑星系」単位で生命の誕生が何かしらの共通点があるのか、宇宙における生命について、非常に興味深い成果が期待されます。

エンセラダスの地下海とプルームの想像図　©NASA/JPL-Caltech

超大型望遠鏡時代

大型望遠鏡で系外惑星を調べる

ここまで、太陽系内の探査計画などについてご紹介してきました。このように、実際の惑星に探査に行くという計画も非常に魅力的なのですが、まだ太陽系内の生命探査に限られるのが現状です。これらと並行して、「太陽系外惑星」の環境などを調査し、生命の可能性を探るという研究も進めていく必要があります。むしろ、「地球のような惑星」は太陽系内には存在しないことが明らかになっているので、地球のような惑星は太陽系〝外〟で探さなければなりません。そのため、前に紹介したケプラー宇宙望遠鏡やＴＥＳＳといった系外惑星探査のための宇宙望遠鏡も重要なのですが、現在の技術では、口径の大きな宇宙望遠鏡を打ち上げて運用する技術がまだありません。その前に、まずは地上にて超大型望遠鏡を建設し、大口径の鏡で宇宙からの光を集め、それによって系外惑星の特徴などを調べることが計画されています。

現在の大きな望遠鏡というと、直径８ｍ級の鏡をもつハワイのすばる望遠鏡とジェミニ望遠鏡、チリのＶＬＴは一枚の鏡でできている望遠鏡としては最大級ですが、複数の鏡を組み合わせた望遠鏡では10ｍの望遠鏡というものもあります。複数の鏡を組み合わせるタイプの望遠鏡では、可視光ではあまり影響がありませんが、その鏡の隙間が近赤外線付近の波長付近でノイズの要因になるので、可視光と近赤外の波長でどちらも精度を求めた場合、一枚ものの鏡のほうが理想的ではあります。しかし、そのためにはいくつものハードルがあります。

直径8.2mの鏡を持つすばる望遠鏡の場合、私たちが普段見ている鏡を単純に巨大化させただけでは、鏡の厚さは少なくとも1mは必要で、その重さは鏡だけで150トンにもなってしまいます。それだけ重い鏡の望遠鏡を標高4200mのマウナケア山頂に安全に建設するのは現実的ではないため、鏡を薄くし、直径8.2mに対してその厚さはわずか20cmになっています（それでも鏡の重さが23トンもあります）。厚さが「20cmの鏡」というと十分厚い印象があるかもしれませんが、直径8.2mに対して厚さが20cmということは、8.2cmの直径で考えれば2mmの厚さに相当しますから、実際にはペラペラの鏡に見えます。この鏡を傾けて星を見ると、鏡が歪んでしまうため、鏡を支える機構にアクチュエータというものを使い、鏡にかかる力を調整し、主鏡の歪みを抑えるということをしています。さらに現実的には、一枚の鏡で作るのは8mクラスが最大と言われ、これ以上の大きさの鏡を作るための工場が世界に存在しないという状況があります。そのため、さらに大きな望遠鏡を作るならば、組み合わせるタイプの望遠鏡にする必要があり、日本もその計画に取り組んでいます。

超大型望遠鏡の名前

日本が参加している超大型望遠鏡計画は、口径30mのTMT（Thirty Meter Telescope）で、日本のほか、アメリカ・カナダ・中国・インドの国際協力で建設計画を進めています。名前自体が「30m望遠鏡」そのままなので、安直なネーミングだと思われるかもしれませんが、他にはもっとストレートな名前の望遠鏡があります。

先ほどちょっと名前を出したVLTという望遠鏡は、Very Large Telescopeを略したもので「超大型望遠鏡」です。さらに将来計画されているヨーロッパの超大型望遠鏡である口径39mの望遠鏡はE-ELT（European Extremely Large Telescope）というわりとざっくりしたネーミングの望遠鏡です。「欧州超大型望遠鏡」と漢字で書けばそれっぽく見えますが、要は「すごいでかい望遠鏡」とか「超すごくでかい望遠鏡」ですから、次はどうするんだとちょっと気になるネーミングではあります。そういう意味では、日本のすばる望遠鏡や、アメリカのジェミニ望遠鏡（「ジェミニ」はふたご座の意味。北半球はハワイ、南半球はチリに設置されています）などは、ちょっと洒落た名前に見えますね。ついでにもう1つすばる望遠鏡をアピールしておくと、「すばる」とは、おうし座にあるプレアデス星団のことで、清少納言も「ほしはすばる……」などと謳ったこともあり、昔からよく見えていた天体です。ハワイでも昔からこの天体はよく知られていて、現地の言葉では「マカリィ」と呼ばれています。これは現地の言葉で「小さな瞳」を意味する言葉です。世界で最大級の望遠鏡が「小さな瞳」というのもなかなか皮肉のようにも聞こえますが、宇宙の深淵を覗くには8.2mの「瞳」はまだまだ「小さな瞳」なのかもしれませんね。ちなみに、石垣島天文台にある口径105cmの「むりかぶし望遠鏡」の「むりかぶし」も、現地の方言で「すばる」と同じものを指しています。

日本も関わっている大口径望遠鏡

話がそれましたが、将来の地上望遠鏡計画としては、これまでにない大口径の望遠鏡、文字通り「超大型望遠鏡」の建設計画が進んでいます。日本が関わっているのは口径30mのTMT（図）ですが、他には口径39mのE－ELT、口径24・5mのGMT（Giant Magellan Telescope）があります。どの望遠鏡も、2020年代後半から稼働する予定（2020年現在）となっています。どれも複数の鏡を使う形ですが、TMTとE－ELTは蜂の巣のように鏡を敷き詰めるタイプであるのに対し、G

MTには口径8.4mの丸い鏡を7枚花弁のようにならべて組み合わせるタイプで、すばる望遠鏡を7つ合体させたような望遠鏡になります。これらの超大型望遠鏡は、1機を1つの国で作るにはコストがかかりすぎるため、どこも国際協力という形で建設計画を進めています。

日本が関わっている望遠鏡についてもう少しご紹介しましょう。TMTはその巨大な口径を再現するため、直径が1.4mの六角形の鏡を492枚つなぎ合わせ、直径30mの鏡を作っています。この大口径の望遠鏡ができても、データをとるための観測装置がないと研究が進まないので、宇宙の様々な謎を解明するための様々な観測装置の開発も同時に進められています。その中には、太陽系外惑星の大気成分を詳細に調査し、そこに生命に関わる兆候があるかを調べるための装置も開発が始まっています。

この望遠鏡と観測装置ができても、ターゲットを1から探すのは効率が悪いため、現在では、そのためのターゲットとなる地球型惑星を探したり、「何を見たら生命の兆候か」などを調べるための研究が、私のいるアストロバイオロジーセンターで進められています。

TMT完成予想図　©国立天文台

将来宇宙望遠鏡計画

宇宙望遠鏡は大気を通さずに観測できる

「地上にでっかい望遠鏡あるのに宇宙にも望遠鏡いるの？」とか、逆に「宇宙望遠鏡あるなら地上に巨大な望遠鏡とかいらなくない？」とよく聞かれることがあります。また、宇宙望遠鏡打ち上げのニュースがでると、「そんなに宇宙望遠鏡いっぱいいらなくない？」と思われる方もいるかもしれません。

それぞれの役割を説明すると、地上にある望遠鏡は、当然ですが地上までたどり着いた光などの電磁波しか捉えられません。「電磁波」とひと言でいってもその中にはいろいろなものがあります。携帯などの電波や電子レンジで使われるマイクロ波、コタツなどで使う遠赤外線、私たちが見ている可視光線、日焼けの原因になる紫外線、レントゲンで使うX線など、いろいろあります。これらは、同じ「電磁波」の一部で、それぞれの波長や周波数が異なると違う特徴をもち、呼び方が変わります。「電磁波」という名前は、たまにオカルトっぽい使われ方や似非科学的な使われ方をされることもありますが、かなり身近にある自然現象です。そして、私たちが見ている「可視光」に至っては、この電磁波の中でもごくわずかでしかありません。波長の長い（周波数の低い）電波などは電磁波の中でも比較的地上に届きやすいですが、波長の短いものは地球の大気に邪魔されて観測することが難しくなります。

そのため、宇宙望遠鏡には、「地上に届かない電磁波を観測する」という大きな役割があります。地上に届かない電磁波を観測して行なう研究もあるため、そのような研究には宇宙望遠鏡が必要不可欠になります。もう一つ、宇宙望遠鏡のメリットは、当然ですが、大気を通さないで観測することができるということです。

私たちは地球の大気の恩恵をこれでもかというほど受けているのですが、天体観測において、地球の大気は邪魔者です。星からの光が地上に届くまで、まず最初に地球の大気を通ります。

その際、地球の大気による散乱や屈折などの影響を受け、本来は点であるはずの恒星の光が、望遠鏡を通して検出器に入るときには、少し広がって写ります。風の強い冬の夜空では星がまたたいていて見えるのはとても綺麗ですが、これも大気の影響であり、大気中の微粒子が星の光を遮るために起きるまたたきです。そのため、地上に届く光においても、超高精度で天体の位置を測る場合など、大気のあらゆる影響を無視できるのが宇宙望遠鏡の最大のメリットです。

「それなら大きい望遠鏡を打ち上げればいいじゃないか」と思うでしょう。その通りです。ただし、単純に、大きい望遠鏡を打ち上げるのが非常に難しいということと、メンテナンスが困難なため運用期間が地上の望遠鏡と比べて短いという難点があります。有名なハッブル宇宙望遠鏡も、口径2.4mほどの望遠鏡です。ハッブル宇宙望遠鏡は1990年に打ち上げられ、現在も観測が行われていて、地球周回軌道に乗せた宇宙望遠鏡としては最も多くの綺麗な宇宙の姿を私たちに見せてくれました。ハッブル望遠鏡は地球周回軌道にあり、物理的なアクセスが可能で「メンテナンス可能」な宇宙望遠鏡だったため、例外的に長い期間運用が継続されていますが、現在、この後継機となる望遠鏡計画も進んでいます。通常、過酷な宇宙環境で観測を行う宇宙望遠鏡は数年で達成できる目的を達成するため、数年という運用期間を計画して打ち上げられます。

宇宙望遠鏡の登場でできるようになったことのひとつが、第4章の系外惑星探査でご紹介した、天体の位置を極限まで正確に測るアストロメトリ法です。21世紀に入った当初まで、アストロメトリ法は技術的に難しいとされていましたが、2013年、ヨーロッパ宇宙機関(ESA)が打ち上げたアストロメトリ専用衛星「GAIA」(ガイア衛星)により、さらに精密な位置測定ができるようになりました。具体的には、約10億個の星の位置が、10~100マイクロ秒角(10マイクロ秒角は10ミリ秒角の1000分の1)の精度で測ることができます。この精度があれば、アストロメトリ法による系外惑星の発見も可能なため、20年以上前にファンデガンプがその半生を捧げたこの系外惑星探査法による発見が期待されています。この方法は、主星と系外惑星の間が離れている惑星系が見つかりやすいため、この他の視線速度法やトランジット法などの観測手法と合わせ、惑星系の姿を明らかにする上で大きな糸口となります。

系外惑星探査に関係する宇宙望遠鏡計画

さて、地上では、超大型望遠鏡の時代に進みつつあるなか、宇宙望遠鏡においてもいくつかの将来計画があります。今後計画されている系外惑星探査に関係する宇宙望遠鏡計画についていくつかご紹介します。

・JWST宇宙望遠鏡 (James Webb Space Telescope)

2021年に打ち上げ予定(2020年10月現在)の宇宙望遠鏡で、ハッブル宇宙望遠鏡の後継機としての役目がある宇宙望遠鏡です。

ハッブル宇宙望遠鏡の口径2.4mに対し、JWSTは口径6.5mという7倍以上の面積で光を集めることができます。近赤外線で宇宙を観測することがメインの望遠鏡で、天文学の様々な研究が期待されています。系外惑星の観測にとっては、トランジット法による系外惑星観測に強力です。

・Roman宇宙望遠鏡（ナンシー・グレース・ローマン宇宙望遠鏡）

２０２５年ごろに打ち上げを予定されているのが、Roman宇宙望遠鏡です。この望遠鏡は、当初ＷＦＩＲＳＴ（Wide Field Infrared Survey Telescope 広視野近赤外サーベイ宇宙望遠鏡）と呼ばれていましたが、ハッブル宇宙望遠鏡の実現のために大きな貢献をした女性科学者であるナンシー・グレース・ローマンの名から、２０２０年にこの名前に改名されました。口径はハッブル宇宙望遠鏡と同じ2.4ｍですが、重力マイクロレンズ法による系外惑星の探査や、宇宙におけるコロナグラフ技術の実証、系外惑星の反射光の検出を目指しています。この望遠鏡には、日本からも装置開発の面で貢献しています。

・ＬＵＶＯＩＲ（Large Ultraviolet Optical Infrared Surveyor）

だいぶ後になりますが、２０４０年ごろを目指している宇宙望遠鏡です。みんなが思っているような、「大きい望遠鏡を宇宙に持っていけばいいじゃないか」をそのままやってみたような計画です。しかも、宇宙に持っていったおかげで、観測できる電磁波の範囲が広いため、名前もそのまま、「でっかい（Large）紫外（UltraViolet）可視（Optical）赤外（InfRared）の探査機」と呼ばれています。口径はまだ確定はしていませんが、12ｍ～15ｍまでの計画があります。この望遠鏡もその大口径で宇宙のさまざまな謎に迫って行きますが、中でも系外惑星の分野では、様々な恒星の周りに「第2の地球」を直接撮像するための究極の高コントラスト観測ができるようになります。そのため、太陽のような恒星の周りにある第2の地球からの生命の兆候を捉えることが期待されています。

・HabEx（The Habitable Exoplanet Observatory）

系外惑星探査において、ＬＵＶＯＩＲと似たサイエンスのテーマを持っている望遠鏡がこのHabExで、２０３０年代の運用を目標にしています。口径が４ｍなので、ＬＵＶＯＩＲとは少しサイズが小さくなりますが、特徴的なのはそこで使われるコロナグラフのやり方で、「スターシェイド」という技術でしょう（図HabEx）。「探査機とは別に、恒星だけを隠す機器を恒星の方に配置し、恒星の光だけを隠す」というものです。簡単に言えば、親指で満月を隠してすぐ近くの暗い星を見るようなものですが、宇宙では大気がないので、明るいものを隠すだけで近くにあるとても暗いものを見ることができます。驚くべきはそのスケールです。同じ喩えを使うなら、見ている瞳の直径が４ｍ（人間の瞳は直径７ｍｍ程度）で、伸ばした親指までの距離が約12万ｋｍ先にあり、その親指のサイズは直径72ｍもあります。形は花弁のような形状など、効率的に恒星のみを隠す形状の研究もされています。最初にこの計画を聞いたときはＳＦをそのままやってみるような印象がありましたが、この技術が実証できれば、ＬＵＶＯＩＲ同様「第２の地球」を探すのに強力な望遠鏡となります。

このような将来望遠鏡については、予算の状況や、国際協力による複雑な問題があるため、厳しい審査のなか中断される計画もあり、生き残った計画が実施されます。実現のための研究や実験などを経た上で、厳しい審査を通った将来の宇宙望遠鏡等は、私たちにまた新しい宇宙の姿を見せてくれると期待しています。

HabEx。口径4mの宇宙望遠鏡（下）と直径72mのスターシェイド（上）。恒星の光だけを隠し、すぐ近くにある惑星の光を捉える計画

太陽系外惑星直接探査 〜ブレイクスルー・スターショット

地球型惑星の写真がみたい

ここまでご紹介した通り、様々な宇宙望遠鏡計画があり、これら以外にもいくつかの計画があります。これらの計画は、太陽系内の探査ミッションと違い、基本的には系外惑星を探査し、詳細を調査し、生命の特徴があるかを観測的に探るというのが主な手法になります。

一方で、系外惑星探査の方法の時もそうでしたが、宇宙望遠鏡計画においても、実際にその写真を見たいと思うのが人情です。指を差して「あそこに地球型惑星があるよ！」って言うことはできるようになりますが、「えっ!?見たい！」と言われても、残念ながら「コレだよっ！」と示すことはできません。できたとしてもトランジットを起こしている地球型惑星のライトカーブや、視線速度法のデータですから、おそらく「見たい！」と思っていたものとは違うものでしょう。

将来に新たな超大型地上望遠鏡や、宇宙望遠鏡ができて初めて、地球型系外惑星を画像として示すことができるようになるでしょう。それでも、そこで見ることができるのは、現在の木星型の巨大惑星の直接撮像と同様、光の点で写る地球型惑星です。このような画像は、天文学者にとってはかなり魅力的な画像ではあるのですが、一般的にみて「見栄えのする綺麗な画像」とは異なるものでしょう。ただ、太陽系内の探査と異なり、系外惑星は非常に遠いことはこれまでお話しした通りです。人類が初期に打ち上げた探査機でさえ、オールトの雲にもたどり着いていません。現在の技術では、光速で探査機を航行させせることができないので、近い天体でも光の速さで4年以上かかる恒星周りの系外惑星への探査など、これまではSFの中だけの物語でした。

「系外惑星へ直接向かう」スターショット計画

ところが現在、そのSFの中だけだった「系外惑星へ行く」という計画が進行中で、それが、「ブレイクスルー・スターショット」計画です。この計画は、2016年に投資家のユーリ・ミルナーと、宇宙物理学者のスティーブン・ホーキングにより発表されました。

この計画は、切手サイズの超小型宇宙船「スターチップ」で、太陽の隣にある恒星プロキシマ・ケンタウリを目指します。この星は、肉眼で見ることはできませんが、この周囲のハビタブルゾーンに岩石惑星があることが知られています。この系外惑星に向けて、小さな探査機を光速の20％もの速度で向かわせ、直接近くから調査するという計画です。

光速の20％までという速度は、これまでは、人ひとりの人生の中でたどり着くと思えなかった距離を、20年という現実的な年数で到達できる速度です。たどり着いたあと、系外惑星の写真を撮影し、それを電波で地球に送れば、片道4年で地球へ届くことになり、うまくいけば打ち上げから24年後には、実際の地球型系外惑星の〝姿〟を見ることが可能になるかもしれません。

しかし、そのための技術的なハードルはもちろんたくさんあります。切手サイズの超小型宇宙船「スターチップ」には、カメラ、推進システム、ナビゲーションシステム、通信機器を搭載し、高速の20％の推進力を得るためのレーザーを受ける必要があるため、1辺が1mほどの極薄の帆を取り付ける必要があります。光を受けて推進するソーラーセイル、光速の20％で加速させるためのエネルギーは、100ギガワットのレーザーが必要と見積もられています。市販されているレーザーポインタなどは、安全性も加味して典型的には1ミリワット未満なので、市販のレーザーポインタとは比較にならないレーザーです。これだけの出力を1つのレーザーで出すことは現在の技術ではできないため、複数の強力なレーザーを照射する施設を建設する必要があります。

このように、まだ存在しない技術開発も含め、ブレイクスルー・スターショット計画には、50〜100億ドルに及ぶ莫大な費用が必要と見積もられています。この計画により、20年で技術開発を行い、打ち上げ後20年でプロキシマ・ケンタウリ周りの系外惑星にたどり着き、4年でデータを地球へ送るという目標があるため、うまく進めば2060年代には、隣にある系外惑星を近距離から撮った画像を見ることができるかもしれません。2016年から44年後、医療の進歩も視野にいれて、私も見れるかもしれないと期待したいところではあります。今の子どもたちが、もし研究者になる道を選んだら、その打ち上げなどに立ち会うことができるかもしれませんね。

さて、打ち上げて実際に系外惑星に向かうのは確かに夢がある話ですが、実際、そこに何か知的生命がいたらどうしましょう。プロキシマ・ケンタウリの系外惑星に限らず、将来どこかから、それらしいシグナルを受けたらどうしましょう。そのあたりも検討するため、ブレイクスループロジェクトでは、「スターショット」以外に、「リッスン」と「メッセージ」というプロジェクトがあります。「リッスン」では前の章でご紹介したSETIプロジェクトの発展版で、「メッセージ」では何か見つかった時にどういうメッセージを送るかを検討するプロジェクトです。宇宙人に対してメッセージを送るべきかについては、さまざまな議論があり、SFの物語でもいろいろな描かれ方をしています。どちらもまだ答えのない問題ですが、「隣の星の周りに地球に似た惑星がある」ということがわかった今だからこそ、こういった検討を始めるのがよいのかもしれません。

オウムアムア論争

知的生命体による宇宙船？

少し前に地球外からの来訪者かもしれないと話題になった天体についても少しご紹介しましょう。ハワイ語で「遠方からの初めての使者」という意味の「オウムアムア」という名前が付けられた天体があります(図・恒星間天体「オウムアムア」の想像図)。この天体は、ハワイ・マウイ島のハレアカラ山頂にある望遠鏡で発見されました。この望遠鏡は「パンスターズ」と呼ばれる全天で彗星などの移動天体などを見つけるためのプロジェクトによるものです。彗星に興味がある方は、数年前に「パンスターズ彗星」という言葉を何度か聞いたことがある方もいらっしゃるかもしれません。これは、同じ彗星が何度も来ているのではなく、パンスターズのチームが発見した彗星の多くは、

恒星間天体「オウムアムア」の想像図
© ESO/M. Kornmesser

「パンスターズ彗星」と呼ばれます。

オウムアムアも、最初はパンスターズにより2017年に発見されました。当初は太陽系外縁部から来た彗星かと思われ、仮の名称として「C/2017 U1」(※彗星の名前)とされました。しかし、彗星であればその本体の成分のおよそ8割程度が氷でできている(「汚れた雪だるま」などと比喩されることもあります)ため、太陽に近づくにつれ表面からガスが放出されるようになります。しかし、オウムアムアの観測からは、そう言ったガスの放出が検出できなかったため、主成分は水(氷)ではなく、岩石のようなものであることがわかりました。そのため、小惑星へとカテゴリが変更され、「A/2017 U1」となりました。さらにその後の観測から、この天体は太陽の周囲を周回している天体でないということもわかりました。この軌道は極端な双曲線軌道であり、太陽の重力を振り切れる速度をもっていることがわかったため、太陽の重力に束縛されていない初めての「恒星間天体」であることもわかりました。その結果、名称としても恒星間天体に対する新たな符号として「I」を用いることを決定し「1I/2017 U1」とし、「オウムアムア」という固有名詞をつけることとなりました。

さて、このオウムアムア、世界初の恒星間天体ということや、この天体の形状が差し渡し400m程度の葉巻のような長細い天体だとい

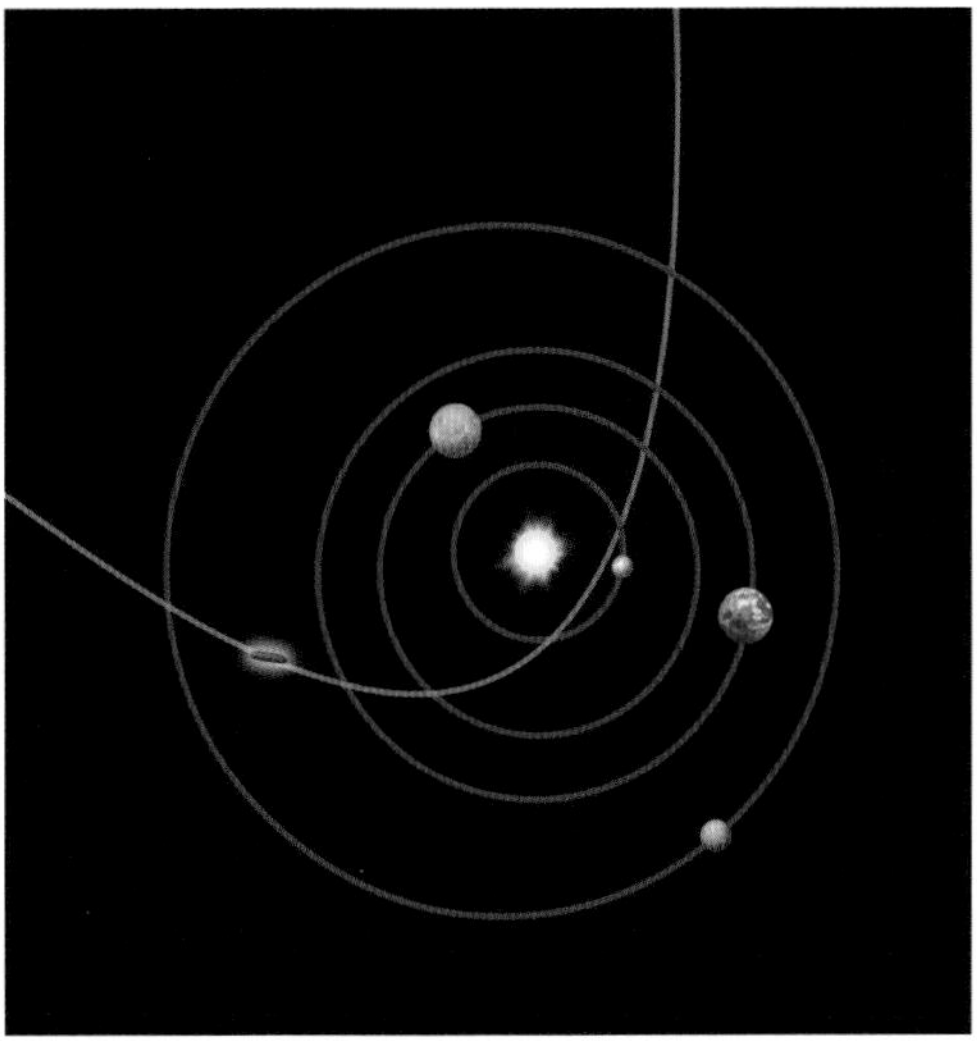

オウムアムアの軌道図

うことから話題になり、「太陽系外から来た宇宙船ではないか」という噂まででるほどでした。オウムアムア宇宙船仮説の根拠とされたものの一つが、この天体の長細い形状です。通常の小惑星の様な天体を形成する理論では、この形を説明できません。一方で、人工的なものであれば、形状も問題なく、彗星の様に表面からガスを出さないのも観測と一致します。さらにオウムアムアが太陽の近くを通り過ぎて去っていく時、予測された速度でなく、加速したことがわかりました。オウムアムアは、こと座の方向からきて、水星より内側を通り、ペガスス座のほうへ去っていく軌道をとっています(図・オウムアムアの軌道図)。太陽系から離脱する際に加速して次の目的地を目指している様にも見え、「こと座方向にある知的生命体による宇宙船が、太陽系を調査してペガスス座の別の系外惑星を探査に行ったのでは……」というような楽しい噂がされていました。

残念ながら天然起源の天体だった

このように、観測事実をうまく説明できそうに見える「オウムアムア宇宙船仮説」ですが、そもそも、最初の「知的生命体が作った宇宙船」の時点で大きな仮定が存在しているので、簡単にこの結論(?)に飛びつくわけにはいきません。もっと私たちの知る科学にて検討する必要があります。その後の研究では、彗星の様な天体が、太陽の様な恒星のすぐ近くを通過する際、恒星の強い重力の影響により潮汐破壊が起きることがわかっています。潮汐力により地熱が生じるというのは前にお話した通りですが、地殻が歪められて摩擦で地熱が生じるどころではなく、もっと強い重力場に晒されると、天体自体が破壊されてしまうという現象です。実際に、1994年にはシューメーカー・レビー第9彗星の複数の核が木星に衝突しました。この核も、もともとは一つで、木星潮汐力により破壊されたものと言われています。発見された当初から、複数の核を持ち、通常の彗星と違い棒状に見えていました。惑星の重力に捕獲された彗星はこれが初めての例で、この時は木星に衝突してしまいましたが、もし恒星のすぐそばを通り、潮汐力で破壊だけされ、そのまま宇宙空間へ飛び出すような軌道の天体であれば、恒星のすぐそばを通った時点で表層の氷成分が揮発し、発見された時に彗星のように見えなかったことも説明がつきます。シミュレーションによる研究から、オウムアムアの母天体(壊れる前の太陽系外彗星)が恒星近傍で破壊された場合、その破片は引き離されるように細長く分布しながら再集積していく結果が得られました。そこでできる形状としても、長さの比が10対1になるような、細長い形状の天体が複数形成されています。これらの研究の結果、星間空間へオウムアムアのような天体が太陽系へたどり着く可能性も示唆されました。

もう一つ、オウムアムア謎の加速についてですが、これについても宇宙船以外の理由が示唆されています。この母天体は恒星のすぐ近くで潮汐力により破壊されるため、その破片に含まれる揮発性成分はほとんど失われることになります。これは、発見された時に彗星のように見えなかった理由とも一致します。ただし、再集積してできた天体の内部に揮発性物質がわずかに残される可能性は残ります。発見当初に観測された彗星のような活動は、太陽に近づき、そして遠ざかるまでの間に内部の揮発性成分が徐々に温められ、その後、たまたま遠ざかっていく時に内部で温まったガスが噴出され、それによって加速したという研究結果もあります。2021年現在ではだいぶ遠ざかってしまったので、直接捕まえて見ることはできませんが、これらの知見から、現在ではオウムアムアは完全に天然起源の天体だという考え方が有力です。

彗星の名前の付け方

「星を発見したら名前をつけられる!」と思っ

ている方は意外と多いかもしれません。実際、小惑星や彗星などには人の名前が付いているものがあります。一方、普通の恒星では、ほとんどカタログが存在していて、個人で新しい「恒星」を見つけるのはかなり難しいです。星に名前をつけたいと思う方は、太陽系内の小惑星や彗星が狙い目です。国立天文台には、このような新天体を報告する部署があり、新天体を見つけたら、そこに電話連絡します。報告するのは、時刻や位置、明るさ、動きなど、観測した時の情報です。それが既存の小惑星や彗星でないとわかると、その天体に仮符号がつきます。名前の付け方は、彗星（Commet）なら〝C〟、小惑星（Asteroid）なら〝A〟というアルファベットと、発見年、月を表すアルファベット、発見順を組み合わせで表されます。例えば、2011年6月前半に発見された4番目の彗星で、PANSTARSという発見者（観測プロジェクト）に発見された場合「C／2011 L4（PANSTARS）」と名付けられます。日本人が発見した彗星では、百武さんという方が1996年1月後半にみつけた「百武彗星」が有名です。名前も正式に「C／1996 B2（Hyakutake）」となっていて、名前がそのまま彗星の名前になっています。彗星は観測プロジェクトが世界で存在するので難しいですが、小惑星であれば、頑張って探せば自分の名前を星（小惑星）につけることができるかもしれませんね。

第６章

系外惑星における生命の可能性

地球とは似ても似つかない「第2の地球」

星の明るさについての概念

第4章でも少しお話ししましたが、少し前に「地球に似た惑星を発見！」というニュースが何度か流れました。基本的に「地球に似た惑星」と言うのは地球のようなサイズの岩石の惑星が、ハビタブルゾーンにあれば、「地球に似た惑星」と表現されます。それでは、ちょうどよい大きさの系外惑星が、液体の水をほどよく持ってさえいれば、本当に地球に〝似て〟いるのでしょうか。どうやら、系外惑星探査の結果からは、そう簡単にはいかないようです。

まず、系外惑星が存在する惑星系には、それらの「太陽」が存在します。私たちが夜空に見ている恒星が、もしかしたらどこかの系外惑星における「太陽」なのかもしれません。そして、恒星には温度に応じた色があります。星を描く時、思わず黄色の五芒星を描いてしまいがちですが、星はその温度に応じた色で光っていて、温度の高い星から青・青白・白・黄色・オレンジ・赤と色が変わります。もちろん形も五芒星ではなく球形です。太陽は黄色っぽい星に分類されるため、星は黄色というイメージがあるのかもしれません。実際は太陽からの光にも他の色の成分が含まれているため、よく見ると黄色だけではないことがわかるのですが、危ないので太陽は直接見るのはやめましょう。望遠鏡で直接見るのも絶対ダメです。文字通り「目玉焼き」になってしまいます。

星からの光の場合、絶対温度で1万度以上の場合は青白っぽい色の波長が多く、太陽のような星（6000度くらい）では黄色っぽい波長が多くなり、もっと温度が低い（4000度くらい）と赤っぽい波長が多くなるため、それらを反映した色が星の色になります。「赤色矮星」と呼ばれるような星では、温度が低く、可視光で見える光が少なくなり、赤外線での光が多くなります。

また、大きい恒星は明るく、小さいものは暗くなります。また、同じ明るさの星でも、近いものは明るく、遠いものは暗くなります。これは、感覚的にも分かりやすいものだと思います。太陽やもっと重たい星は、ある程度歳を取ると、「赤色巨星」と呼ばれる星になります。これは、文字通り、赤っぽい巨大な星です。オリオン座のベテルギウスやさそり座のアンタレスはこの「赤色巨星」の代表的な天体で、明るく輝く赤い星です。太陽の場合、約50億年後には赤色巨星になりますが、少なくとも現在の地球軌道に迫る程度の大きさになるようです。地球が太陽に飲み込まれるかどうかは、いくつかの予想がありますが、ギリギリ飲み込まれなかったとしても、少なくとも生き物が生存できる環境ではなさそうです。

様々な「太陽」による色の世界

このように、系外惑星においても、様々な色の「太陽」があることがわかります。青っぽい「太陽」の周りや白っぽい「太陽」の周り、そして赤っぽい「太陽」の周りの系外惑星では、それぞれの「太陽」の色に応じた世界が存在すると考えられます。これまでの発見や、将来計画なども含めた今後の太陽系外惑星探査から、ハビタブルゾーンに存在する系外惑星のうち、注目されているのは、「赤色矮星」と呼ばれる恒星の周りにある系外惑星です。「矮星」というのは基本的に「小さい星」という意味です。さきほど「赤色巨星」という天体を紹介しましたが、これは

「温度が低い巨大な星」であり、一方で、「赤色矮星」は「温度が低い小さな星」です。小さいものでは木星（太陽の10分の1）ほどの半径の「赤色矮星」も存在します。このような星の表面温度は2000度から3000度と低く、小さくて温度の低い天体になります。また、温度の高い恒星の数は少なく、温度の低い恒星の方が多いということや、私たちの太陽程度の星がもっと暗い星の方が数は多く、太陽の近くにある恒星は暗い恒星の方が多いこともわかっています。ハビタブルゾーンにある地球型の系外惑星を詳しく調べるためには、近くの天体を探す必要がありますから、太陽近傍にある「赤色矮星」周りのハビタブルゾーンにある地球程度の大きさの系外惑星がターゲットになっています。

しかし、このような系外惑星の地上は、地球と似た風景なのでしょうか。この系外惑星における「太陽」は、私たちの太陽とは異なり、温度の低い赤っぽい天体です。この天体では、私たちが見て認識している可視光の波長の光が少なく、赤外線の光が多くなっています。そのため、私たちがもしその惑星に行けたとしても、おそらく昼間でも暗い景色が広がっていることでしょう。そう考えると、私たちが最初に見出す生命の兆候を検出するような系外惑星は、地球とは似ても似つかない「第2の地球」となることでしょう。

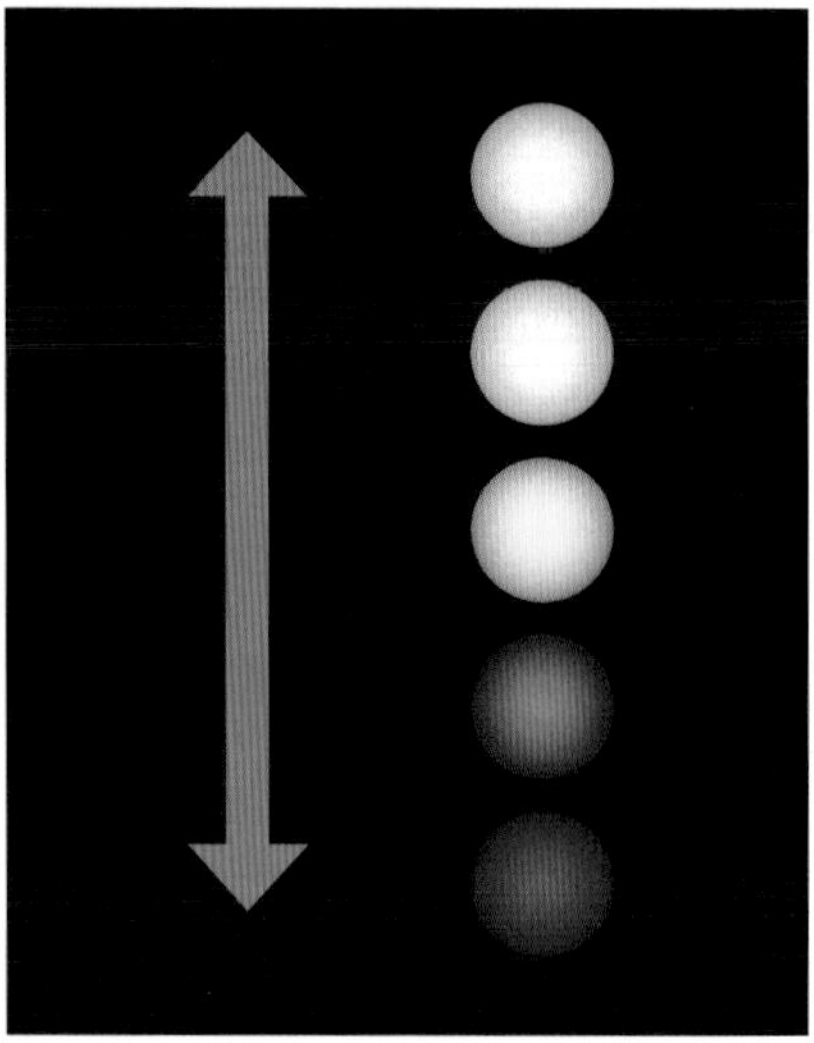

星の色。温度が高いと青白く、温度が低くなると赤っぽくなる

系外惑星の葉っぱは青いか緑か赤いのか

「太陽からの光」だからこそ植物は緑色？

私たちが「地球」をイメージするとき、「青」や「緑」といった色を連想する人は多いでしょう。それはやはり海や植物のイメージによるものだと思います。植物の緑というのも、植物としては（全く使わない訳ではないけど）あまり使わないため反射して捨てる波長の光の色が緑に対応しているために見える色です。自然豊かなところへ出かけた時に、その緑を見て、なんとなく癒される気分になるというのも、なかなか効率的と言えるかもしれませんね。

さて、植物が主に可視光を利用して、緑をちょっと反射して、光合成をするというのはなぜなのでしょうか。前の章でもご紹介した通り、私たちが見ている「可視光」は、電磁波の中のごく一部です。電磁波は、通信で使うような電波から、レントゲンなどで使うようなX線などがあり、その中で「可視光線」はおよそ400nm（ナノメートル。10の9乗分の1m）から800nm程度までしかありません（図・可視光の領域）。その中の、たった500nm～550nm付近の色を私たちは緑と認識し、多くの植物はその色だと思っています。日常的に目にするため、違和感も疑問もわきませんが、よく考えてみると、なぜ大部分の植物が「緑」を選択したのかは、よくわかりません。『どのようにして』緑に見えるのかは科学的に説明できても、『なぜ』緑なのかは少し難しいところです。

少し、視点を変えて見てみましょう。植物は緑が多いと言いましたが、この色は、光合成を行っている葉緑素（クロロフィル）の色です。それでは、他の色の植物はどうでしょうか。例えば、秋の紅葉のシーズンにはモミジなどの色づいた葉が季節感満載にその鮮やかな姿を見せてくれます。これらは見た目には綺麗なのですが、光合成を行っていた葉緑素が壊され、別の成分が増えることで見られる色の変化です。そのため、紅葉して色づいた葉では光合成はできません。

それでは、紅葉以外の緑ではない植物はどうでしょうか。実際には、新芽のときから赤っぽい植物もあります。厳密には「植物」とは違いますが、広く「光合成生物」からも探してみると、ワカメや昆布などの藻類には、緑ではないものも多くあります。藻類の分類として、緑藻類・紅藻類・褐藻類という分類があるほど、緑

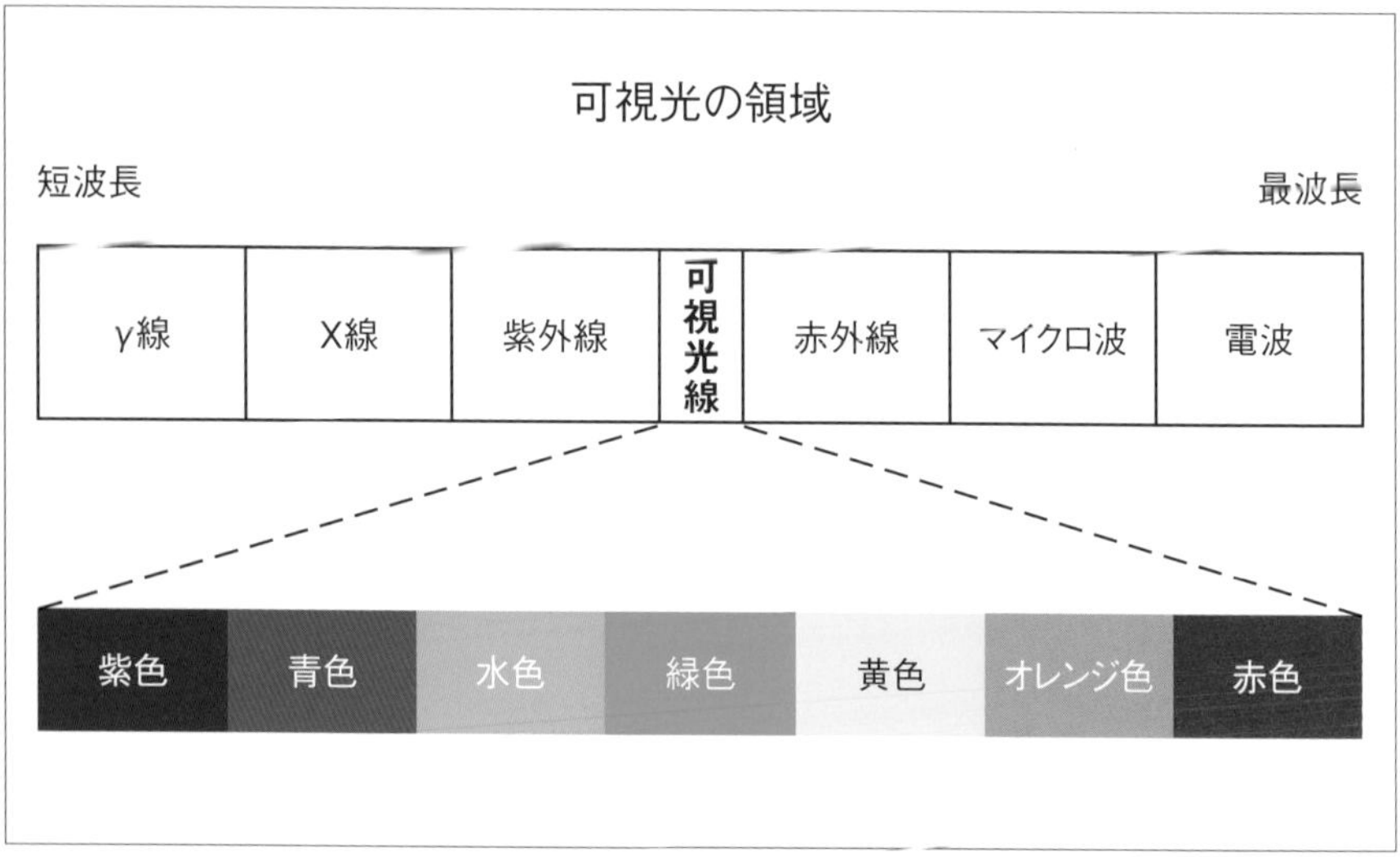

電磁波の中の可視光はごく一部。その中で緑色の植物がよく反射する色

ではない藻類があります。

もっとも陸上植物に近いのが葉緑素を多く含む緑藻類で、アオノリやアオミドロなどがあります。これらは、比較的水深の浅い場所に多く生息する藻類です。水中では、光の透過する波長が制限されるため、緑の光も必要になり吸収されるため、黒（茶色）っぽい褐藻類が多くなり始めます。昆布やわかめ、ヒジキなども褐藻類に分類されます。わかめなどはお味噌汁に入っていると緑に見え「緑藻じゃないの？」と思われるかもしれませんが、熱を加えると緑以外の色素が壊れるため、食べる時にはほぼ緑色になっています。単純に海の深さに応じて緑藻・褐藻・紅藻と分けられれば簡単なのですが、どちらかというと、それぞれの環境に合わせて進化した結果のようです。そもそも、藻類本人（？）としては、自分が何色に見えているかよりも、光合成するのにその場所で生き残りやすいものが残った結果、あまり使わない色に見えているということのようです。

「第2の地球」の太陽の光で見る植物は何色か

さて、このように、太陽の光やその環境で利用できる色（波長）に応じて、光合成生物が進化してきたことを考えると、地球では「太陽からの光だったからこそ、植物は主に緑色に見えるのではないか」という想像ができます。これまでお話ししてきたように最初に見つかる「第2の地球」と呼ばれるものの『太陽』は私たちの太陽より暗く赤っぽい恒星になりそうです。その光は、可視光でみると暗く、赤外線で見ると明るいという恒星です。逆に、数は少ないですが、実際の明るさが太陽よりもっと明るく白っぽい星では、明るさのピークはもっと青い（波長の短い）光になります。このようなそもそもの光環境が違う『太陽』を持つ惑星では、植物は何色になるのでしょうか。

天文学者の中では、「地球では太陽の光に応じて植物が緑に進化したのだから、白っぽい『太陽』を持つ惑星では、植物の葉は青くなるような進化をし、赤っぽい『太陽』を持つ惑星では、植物の葉は赤くなるような進化をするのではないか」と予想がされていました。なんとなく、地球の植物が太陽の光環境の中で進化した結果だと思うと、白っぽい星や赤っぽい星でも独自の進化をしているのが当たり前のようにも思えてきます。しかし、実際に光合成の研究者と研究を進めてみると、どうやら話はそう簡単でもなさそうだということがわかってきました。

藻類や植物は、光合成を行うシアノバクテリアが水の中で他の生物と共生することにより誕生したと言われています。最初に見つかると考えられる、太陽より暗い（赤っぽい）恒星周りの系外惑星を考えてみましょう。もし、その系外惑星に液体の水があり、そこの中で地球と同じような光合成生物が誕生する場合、おそらく水の中で同じような共生関係を築いて誕生することが考えられます。そのとき、水の中では赤外線は通りにくいため、大量にある赤外線ではなく、わずかに届く可視光を利用する可能性があります。浅いところにはなんとか赤外線が届くため、そこで「その惑星独自の光合成」を獲得する可能性も考えたくなりますが、水の深さが数十cm変わるくらいで赤外線の量が大幅に変わる環境では、その光量の急激な変化に対応するのは難しそうです。

地球での光合成でも、光が強ければいいというわけではなく、強すぎる光を与えると光阻害というものが起き、植物自身が壊れてしまいます。そのため、植物の光合成には、強い光に対する防御機構も兼ね備えています。地球の植物の、強い光に対する防御機構でも、太陽より暗い、赤外線が強い恒星周りの惑星におけるちょっとした水深の変化による急激な赤外線の変化量には対応できません。そう考えると、そのような惑星で光合成の機能を獲得するためには、たとえ赤っぽい『太陽』でも、地球と同じような緑色の植物として誕生するのではないかという示唆もあります（図・地球とは異なる光環境における光合成）。その後、陸上へ進出した後、赤外線を利用するようなその惑星独自の植物が進化する可能性については、現在も研究が進められています。地球上でも赤外線が多い環境はそれなりにありますが、そういったところで積極的に赤外線を利用する植物は見つかっていないというのも興味深いところです。もちろん、全く異なる「赤外線を利用する機構」を、その惑星の生物が持っていないと言い切ることはできませんが、主星の明るさが異なる環境の系外惑星でも地球型の植物を除いて考えるわけにはいかないでしょう。

地球とは異なる光環境における光合成（赤色矮星）

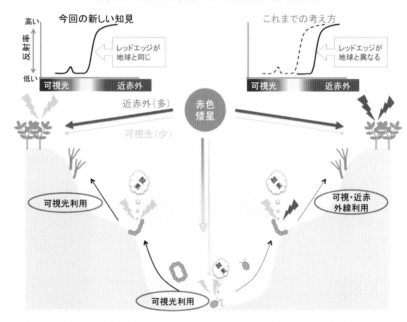

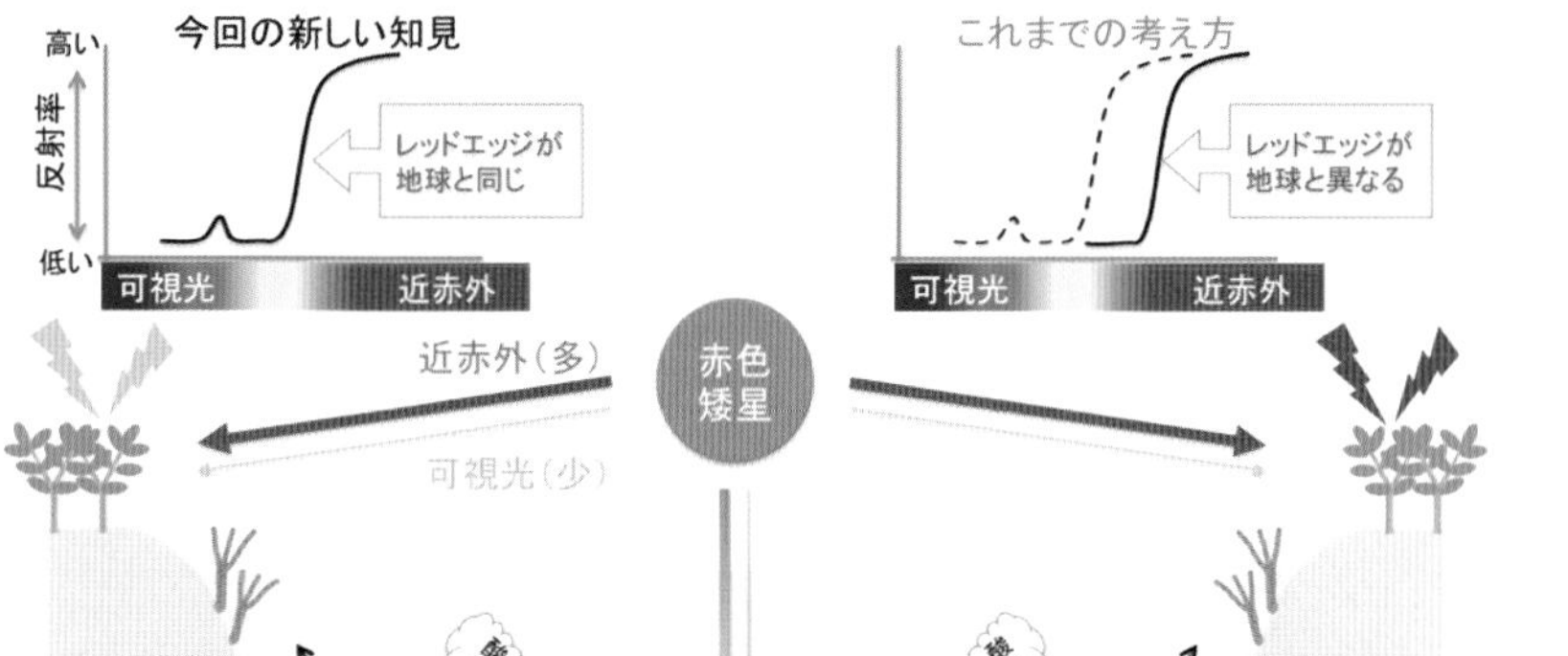

地球とは異なる光環境における光合成。赤色矮星周りの惑星では、可視光よりも豊富な近赤外線を利用することで、レッドエッジが地球とは異なり、長波長側に移動すると考えられていた（図右上）。しかし、水深1m以下では近赤外線の量が激減するため、そこで誕生した光合成生物は可視光を利用していることが考えられる。そこから近赤外線を利用するようになるためには、変動する光環境に対応するための新たな仕組みが必要となり、上陸に障害となる（図右側）。一方、可視光だけを利用する場合、水中から陸上への速やかな移行が可能となり、少ない可視光を利用する植物が最初に陸上に進出すると考えられる（図左側）。そのため、最初に陸上に進出した植物のレッドエッジは地球と同じ位置に現れる可能性が高い　©アストロバイオロジーセンター

水と酸素じゃないとダメ？

タイタンには水ではない液体がある

これまで、ハビタブルゾーンやシアノバクテリアの共生など、「液体の水」が重要だと繰り返しお話ししてきました。こういうお話をすると必ず、「液体の『水』じゃないとだめなの？」と聞かれます。確かに、油やアルコールなど、私たちの身近なところを見ても、「水以外の液体」はいろいろなものがあります。油の中に入りたいと思う人はあまりいないと思いますが、お酒好きな方ならもしかしたらアルコールの中を泳いでみたいと思うかもしれません。宇宙を電波望遠鏡で調べてみると、アルコールの分子やメタンの分子が見つかっていますから、液体の水の代わりにこういったものの「液体」を使う生き物はいないのかという疑問は、自然に湧いてくると思います。水の場合、太陽の周囲では地球付近が「液体」の状態で存在します。一方で、水が凍ってしまうくらい太陽より遠い場所でも、別のものが液体で存在することができれば、それを利用する生物について期待したくなります。

例えば、メタンという分子について考えてみましょう。この分子は炭素が一つと水素が4つという極めて単純な有機物です。身近によく使われているもので、都市ガスなどでも利用されていて、油田やガス田から採掘されエネルギー源として用いられる天然ガスの主成分でもあります。このように、メタンは地上ではほぼ気体の状態で存在します。この分子は、地上の標準的な大気圧（1気圧、約1000ヘクトパスカル）では気体から液体になるのは摂氏マイナス162度で、液体から個体になるには摂氏マイナス183度です。そのため、地球のような大気圧下で、太陽から遠く離れ、液体の水が凍るような世界でも、地表付近の温度が摂氏マイナス183度からマイナス162度の範囲では、「液体のメタン」が存在することが考えられます。

地球上では人工的な「液体のメタン」しかありませんが、太陽系の中ではそのような環境を再現できる衛星が見つかっています。それが、土星の衛星であるタイタンです。タイタンは、木星の衛星であるガニメデに次いで、太陽系で2番目に大きな「衛星」です。地球の衛星である月と比べても、半径は約1.5倍の大きさで質量も1.8倍ほどあります。太陽系最小の惑星である水星より大きく、質量は水星より軽い天体です。

タイタンはこのように大きめの衛星ですが、土星の衛星であるため、太陽から遠く液体の水が存在しません。そのため、主に氷と岩石でできた衛星となっています。表面温度は摂氏マイナス180度ほどの低温の世界です。タイタンの表面気圧は地球より高いので、このような環境下では、メタンは液体で存在することができます。

また、タイタンは太陽系の衛星の中では唯一豊富な大気を持っている天体で、分厚く不透明な大気によって覆われているため、タイタンの表面の情報は長い間、ほとんど知られていませんでした。タイタンの表面の姿は、2004年末に土星探査機カッシーニから分離したホイヘンスという小型探査機によって明らかになりました。ホイヘンスは2005年にタイタンへ突入し、パラシュートで減速して降下しながら大気を、着陸してからは直接地表を調査しました。地表で見えた風景には、角が丸い小さな岩や小石の平原が写されていました。地球上では、川の上流などにある大きな石などは角が尖っていて、下流にいくにしたがって丸い石が増えてきます。これは、川の流れに流され、石の角が削られることで丸くなっていくいわゆる風化の一つです。このように、「角が丸くなった石」が多くあることは、川のように流れる何かがあることを示しています。地表の温度が摂氏マイナス１８０度なので、水は氷としてしか存在できないため、「他の液体」があることが考えられます。実際に、土星探査機カッシーニによる観測でタイタンの北極付近に大量の液体が存在することが明らかになっています。この液体はメタンやエタンの湖と言われ、地球における雨などによる水の循環のように、タイタンではメタンの循環があると言われています。

ホイヘンスが撮影したタイタンの表面の画像のコントラストを上げたもの。角が丸い岩の様子が見られる。©ESA/NASA/JPL/University of Arizona

「水」は宇宙に多い元素でできている

このように、水以外の液体の存在が太陽系の外側に位置する衛星において明らかになったため、水の変わりにメタンを用いた生命の可能性がないか、期待が膨らんできます。メタンを用いた生物というものにはどのような可能性があるのか、少し考えてみましょう。私たちの体を構成している細胞は、リン脂質のような「両親媒性物質」からできている細胞を用いて、自己と外界を隔てています。両親媒性分子とは、水に馴染む「親水基」と油になじむ「親油基」(疎水基)の両方を持つ分子の総称です。イメージしやすいのは、洗剤などに使われる「界面活性剤」です。洗濯用洗剤を入れた溶液に布地を染み込ませ、親油基部分が汚れ（有機物）に結合してはがし、水溶液中に分散させることで汚れを落とします。私たちの細胞膜は、こういった両親媒性分子の親油基同士が結合し2層になり、内側の水の層と外側の水の層を隔てることができています。これが液体の水ではなく、液体の有機物の中では、この構造が逆転している可能性があります。ですから、このような物質でできた「細胞」のようなもので構成された生命のような存在がいた場合、少なくとも地球には存在しないような生命となります。

そこまで考えると、いろいろな物質で構成される細胞もありなのではないかと思えてきてしまいます。それでは逆に、なぜ私たちは液体の「水」（H_2O）を使っているのでしょうか。人や動物が摂取した養分を血液が運びますが、その血液の半分以上は水分です。水は様々なものを溶かして運搬することで、私たちが生きていく上で不可欠なものになっています。とは言っても、その環境下で進化したので当たり前なのかもしれません。生物学的（化学的）なメリットは他にもあるとは思いますが、天文学的にはもっと単純な推測があります。宇宙に存在する元素のうち、最も多いのが水素です。その次に多いのがヘリウムですが、ヘリウムは地球の大気にはわずかしかありません。そして、3番目に多いのが酸素です。ヘリウムは貴ガス（希ガス）と呼ばれる非常に反応性の低い元素です。水は水素2つと酸素1つで構成されているため、宇宙で1番多いものと、3番目に多いものが反応しやすかったものだと考えられます。そのため、「宇宙でありふれたものが高性能だったのでそれを使った」と考えることができます。それ以外の生命の存在を否定することはできませんが、私たちが「液体の水」を中心とした生態系を築いているのは、宇宙の中でも自然なことなのかもしれません。

地球とは全くことなる生命の可能性は？

地球と違う惑星では生命は生きられないのか

ここまで、最初に見つかる第2の地球と呼ばれるものは、可視光の少ない暗い惑星の可能性や、「液体の水」ではない「液体」を使った生命の可能性があることをご紹介しました。ここではもう少し地球と違うと想像されている系外惑星についてご紹介しましょう。とは言っても、すでに何度か出てきた赤色矮星周りのハビタブルゾーンにある岩石惑星ついての詳細です。このような温度の低い恒星の周りのハビタブルゾーンは、太陽系と比べて恒星に近くなるということはお話ししました。その中にある岩石惑星の多くは重力の関係で潮汐固定（タイダルロック）という状況になります。これは、地球と月の関係と同じで、地球から見ると、月は常に表面を地球のほうに向けたまま公転しています。月が自転していないという意味ではなく、公転と自転が同期しているということになります。

これは、すごい偶然のように感じるかもしれませんが、それほど珍しい現象ではありません。太陽系の中でも、火星の衛星や木星のガリレオ衛星でも見られる比較的よくある現象です。この現象は、2つの天体の距離が比較的近く、片方の天体が及ぼす潮汐力が大きい場合に起こります。この前の章で、潮汐力によって衛星が歪められて地熱が発生するというようなことを紹介しましたが、その歪められた結果、重力との兼ね合いで自転周期と公転周期が同期するようになっていきます。このような現象は、惑星と衛星の関係だけでなく、恒星と系外惑星の間でも起こります。

ちなみに、太陽と水星の場合は、軌道が少し楕円になっている関係で、水星の自転（約59日）と公転（約88日）が2対3の共鳴関係になっています。つまり、水星にとっては、太陽が真南にある時（南中）から次の南中までに、太陽を2周することになります。もし、赤色矮星の周りのハビタブルゾーンで、このような共鳴関係にある系外惑星があり、さらにその惑星に生命が存在していたら、1日の間に2回（主星を2周）もお正月をやることになるので、とてもお祭り好きな生物になるかもしれませんね。

実際には、そのような共鳴関係にあるような系外惑星はまだ見つかっていませんが、赤色矮星のハビタブルゾーンにある岩石惑星は発見されています。もしそれが、円軌道に近い軌道で、潮汐固定されているような系外惑星であればどうでしょう。そのような惑星の場合、常に主星のほうを向いている「昼面」と、常に日の当たらない「夜面」を持つ惑星となると予想されています。そのような系外惑星がハビタブルゾーンにあっても、地球に砂漠があるのと同じように、常に主星の光に温められている昼の面は砂漠のような環境かもしれません。一方で、反対側の夜の面は日の光に照らされることがなく、極寒の世界かもしれません。そう思うと、なかなか生命にとって過酷な環境に思えます。ただし、その中間の領域もあります。ここはちょうど夕方の領域にあたり、俗に「トワイライトゾーン」と言われることもあります。この場所では常に夕方のような環境になり、常に地平線の近くにその惑星系の「太陽」が見える環境になります。この付近の環境であれば、暑いところと寒いところの中間になるため、液体の水が維持できるかもしれません。このような系外惑星では、常に昼面の大気が「太陽」からの光で温められることにより、昼面から夜面に向かって常に強風が吹いているという大気循環が予想されています。

余談ですが、夕方を意味する「トワイライト」から、「トワイライトゾーン」という表現はアメリカのドラマから不可思議な現象が起こる場所を示す単語としても使われることがあります。日本で同じ夕方を意味する「黄昏」(たそがれ)は、古くは夕方になって遠くの人の顔が判別できなくなったときに、「誰そ彼(あなたは誰ですか)」と言ったことが語源と言われています。同じ夕方を意味する、「逢魔時」(おうまがとき)という言葉も、昼と夜が移り変わる夕方の時間帯に魔物に遭遇する、または大きな災禍が起こることを示す言葉として残っています。魔物がいるかどうかは別にして、このような系外惑星におけるトワイライトゾーンで生命が誕生するのであれば、それこそ「誰そ彼」と訪ねてみたいものですね。

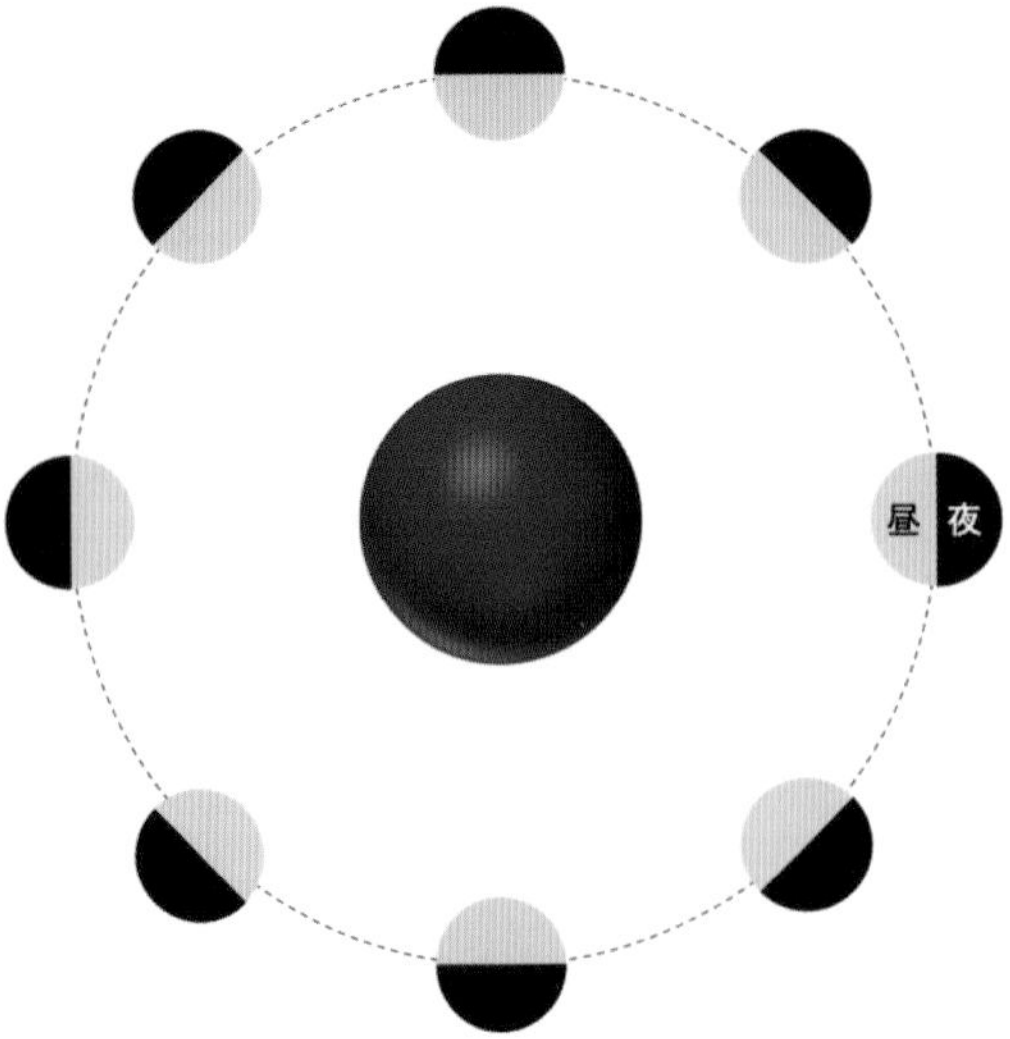

赤色矮星周りの系外惑星。「昼面」と「夜面」が固定されている可能性がある。この境目は生命にとって存在しやすい環境かもしれない(著者作成図)

右手型のアミノ酸を使って誕生した生命体は?

そのような環境での生命も、地球とはだいぶ違う生態系を持っているような気がしますが、もう少し本質的に違う可能性も想像することができます。タイタンのメタンの湖に生命が存在すれば地球と異なる生命となりますが、もう一つ、アストロバイオロジーとして注目されているものがあります。それが、第3章や第5章でご紹介したアミノ酸のキラリティーについてです。地球上では、生命が利用しているのは左手型のアミノ酸のみです。地球ではそうなっているのですが、他の系外惑星で誕生しうる生命も、同じなのでしょうか。

たまたま左手型のアミノ酸が多かったので、そちらを使って生命が誕生したと考えると、逆に右手型のアミノ酸が多かったら、そちらを主とした生命が誕生するのではないかと考えることができます。左手型だからこそ生命が誕生したのか、右手型でも生命が誕生しうるのか、私たちは地球の生命しか知らないためこれを判断することができません。系外惑星でそれらを探すことは、技術的にまだしばらくかかりそうですが、この答えに近づくためにも土星の衛星であるエンセラダスへのアミノ酸調査などは注目を集めています。

それでは、もしそのような右手型のアミノ酸を主にした生命が、地球のような惑星で、地球と同じような進化をした場合、私たちと同じような形なのでしょうか。この点についても、実際はよくわからないとしか言えません。ただし、人類は過去にキラリティーに関わる薬害などを経験しているので、もしかしたら、同じように怪我をした場合などで使える薬が違うといった影響などはあるかもしれません。薬だけならまだしも、遠い未来、生命がいる惑星が見つかったとしても、そこの食べ物が右手型のアミノ酸で構成されていた場合、それは食べることができるのでしょうか。養分として吸収されないだけならまだいいですが、毒となってしまうと困ります。系外惑星探査に向かう時は、有毒かどうかだけでなく、食べ物のキラリティーを事前に調べる必要もあるかもしれませんね。

系外惑星の住人が考える宇宙人像？

人類の宇宙観と宇宙人の考える宇宙観

さて、これまで「なんとなく生命がいるかもしれない環境」についてご紹介してきました。どれもまだ実際に生命が見つかっているというわけではありませんが、その可能性を探るという意味では重要な基礎研究になります。この章の最後では、視点を変えて、地球以外の系外惑星が考える宇宙像について考えてみましょう。

相手の立場に立って考えるために、まずは私たち人類の宇宙観について振り返ってみましょう。私たちの宇宙観については、第1章でいくつかの地域のものをご紹介しました。様々な地域でいろんな考え方をされていましたが、どの地域でも、月と太陽の運行についてよく観測され、星が移り変わることもよく知られ、その星々の中で惑うように動く惑星についても、比較的初期から観測されていました。おそらくこれらの現象は、自転により昼と夜が生じる系外惑星で、そこに衛星があり、他の系外惑星がある環境で生まれた生命でも、似たような観測がされることでしょう。そして、おそらくそのような系外惑星でも、主星であるその系外惑星系における「太陽」は重要なものと考えられることでしょう。

一方で、動きの早いものから近くにいると考えるのも、自然な考え方かと思います。その天体が何なのか、動かしている物は何なのか、全くわからない神秘のものに対し、神々のような超常の存在を仮定するのは、「何かを理解しようとする」ための最初のステップかもしれません。その後、夜の星々をつなげて星座を作るかどうかはわかりませんが、比較的明るい星や目立つ星団などには名前をつけたりするかもしれません。そのうち、自分たちの惑星の形がわかるようになり、星々の運行を精密に観測するようになれば、表現する文字や言葉は違っても、同じような「惑星系」という概念にたどり着く可能性もあります。10進法を使った数式かどうかはわかりませんが、表現している物理法則は同じはずです。そして、他の恒星が惑星系よりはるかに外側にあることに気づくかもしれません。同様に、恒星の分布から銀河系の形、宇宙の膨張、宇宙の始まりについてなど、言語は違えど私たちが知る宇宙と同じ世界を知ることとなるでしょう。第5章でご紹介した白色矮星の周りの系外惑星にもし知的生命が存在し、恒星の「普通の状態」という認識は異なっていたとしても、恒星進化についての物理について、たどり着くところは共通していると考えられます。このように考えると、人類の宇宙に対する認識の歴史をトレースすることで、系外惑星における知的生命の宇宙に対するアプローチも同じように考えられると思います。

赤色矮星の周りの系外惑星における宇宙観

ただし、全く同じような認識をしない可能性ももちろんあります。それが、何度か登場している赤色矮星周りの系外惑星です。この周りのハビタブルゾーンは主星に近く、潮汐固定されている可能性が高く、その惑星の昼面と夜面が固定されています。実際に、一つの赤色矮星の周りに7つも系外惑星が発見されているトラピスト1という恒星のうち、3つ（TRAPPIST-1 e, f, g）はハビタブルゾーンにあると言われ、これらは潮汐固定されていると考えられています。

このような世界では、どのような宇宙観を持つのでしょうか。夕方の領域に生命が誕生して、その付近で知的生命まで進化した場合を想像してみましょう。その世界では、地平近くに赤い「太陽」が空に張り付いたように常にあり、そこでは昼面から夜面に向かい常に風が吹くと考えるため、「太陽」が風を起こしていると考えるかもしれません（大雑把に見ると間違いでもないですが）。私たちが天に張り付いた北極星を神聖視する文化があるのと同じように、その世界の「太陽」は空に張り付いた光と風の神のようなものと捉えられるかもしれません。そのような世界で、惑星系の認識は生まれるのでしょうか。

惑星系にもよるかもしれませんが、トラピスト1のような惑星系の場合、ハビタブルゾーンの内側にも系外惑星が見つかっているため、ハビタブルゾーンにいる生命からは、「太陽」の近くをふらふらしている内側の惑星が見えるかもしれません。地球では、夕方でも太陽は眩しいですが、赤色矮星は太陽よりかなり暗いです。そこの生命がどの波長帯でものを見ているかにもよりますが、少なくとも可視光ではその「太陽」に照らされて満ち欠けする内惑星や背景にある星々を見ることができるかもしれません。

また、太陽系でいえば、水星や金星が時々太陽表面を通過する「太陽面通過」も、赤色矮星の周りの惑星系でも見られることでしょう。

しかも、太陽系では次の金星の太陽面通過は2012年を最後に次の機会は2117年（水星は2032年）ですから、なかなかレアな現象ですが、赤色矮星周りではハビタブルゾーンも主星に近いので、その「太陽」の表面を横切るのを見る機会も増えることでしょう。

そのような世界では、初期はその世界の最高神が他の神を従えているように捉えられていても、科学が発展すれば、惑星系の概念を受け入れるのは比較的簡単かもしれません。地球では地動説と天動説での論争がしばらく続きましたが、固定された「太陽」とその周りをめぐる内惑星たちと、その向こうにある星々の巡りを見ることで、その世界の「天動説」にたどり着くのは地球の人類より早いかもしれません。また、その「太陽」に向かって歩けば太陽が高くなり、その「太陽」から遠ざかれば暑くなってゆき、その「太陽」から遠ざかれば地平に沈んでいくことがわかるため自分たちのいる世界が丸いということも気付きやすい環境かもしれません。さらに、赤色矮星は太陽よりもはるかに寿命が長いため、もし惑星の環境も生命に対して安定な状態で居続けることができれば、そこの生命が自滅の道を選ばない限り長く存続し続けることも可能かもしれません。

さらに、その生命が、地球より長い文明の歴史を持っていたとしたら、宇宙の構造など、私たちにとってまだ謎とされている問題を解決しているのでしょうか。私たちが宇宙の謎として残しているダークマターや宇宙膨張の原因とされているダークエネルギーの正体を突き止めているのでしょうか。それとも別の、私たちが知る重力理論よりさらに精密で正確な重力理論で宇宙を理解しているのでしょうか。その惑星では、別の惑星に存在する生命をどう考えているのでしょうか。実はすでに地球を見つけてはいるけど、そこに生命の痕跡を見つけるのが難しいというような、私たちと同じような状況になっているのでしょうか。それとも、すでに私たちが地球にいることを知っているのでしょうか。

このように、想像してみると楽しいのですが、その全てが「かもしれません」としか言えないというのが現状です。少なくとも、他の惑星の知的生命が私たちを見つけた時に、宇宙や生命について科学的に把握していて、他の生命からも私たちが「知的生命」であることを示せるように、文明を長く維持・発展させていくことが宇宙人と会うための条件なのでしょう。

発見当初ハビタブルゾーンと思われていたTRAPPIST-1 dの地上風景の想像図。現在、TRAPPIST-1 dはハビタブルゾーンではないと考えられていますが、e,f,gの地上風景の想像図も地平付近の「太陽」と、内側の惑星が見えると考えられる
©ESO/M. Kornmesser

第7章

宇宙生命学

宇宙の中の人間

宇宙人との交流は一瞬のタイミング？

宇宙についてはは昔からいろいろな考えがあり、人類の宇宙の捉え方や地球の創生、宇宙の歴史なども考え、他の惑星にも生命がいるかもしれないとも考えると、私たち人類を宇宙の中のメンバーとして見返す必要もありそうです。まずは、地球の中の生命として、私たちの人類について考えてみましょう。

地球が誕生したのは約46億年前として、約27億年前にはすでにシアノバクテリアがあったようです。どこから「知的生命」と判断するかは難しいですが、少なくとも人類が天体からの電波をとらえてから、まだ100年ちょっとしか経っていません。

46億年に対して100年はどのくらいの長さでしょうか。よく使われる例えですが、この地球の歴史を1日（24時間）として考えてみましょう。地球が誕生した46億年前を0時としてスタートします。午前4時過ぎ（38億年前）には生命が誕生していたとすると、シアノバクテリアがあったのは午前10時前（27億年前）です。午後9時過ぎ（約5億年前）になって生物が爆発的に多様化した時期である「カンブリア爆発」が起きます。恐竜が現れたのは午後11時前（約2億年前）で、絶滅した頃は午後11時半（約6500万年前）を回っています。ヒト属の最初の種の原人がいたとされるのは深夜11時59分ごろ（約200万年前）

です。そして、人類が宇宙からの電波を捉えられるようになった100年前は、夜中の12時の0.002秒前というごく最近の出来事になります。

このタイムスケールを考えると、たとえ他の惑星に生命が誕生していたとしても、この一瞬のタイミングでお互いに通信するような状況にならない限り、知的生命同士のコミュニケーションはできないとわかります。地球の歴史を24時間で考える中で、人類の祖先が誕生してからほんの1分程度で人類は科学を手にし、宇宙に電波を飛ばせるようになりました。もしこれが恐竜の誕生したタイミング（24時間換算で午後11時ごろ）だったらと考えると、人類は今頃どんな姿だったのでしょう。さらにもっと前、カンブリア爆発（24時間換算で午後9時すぎ）の段階ではどうでしょう。もし、他の惑星で、地球人類より早いタイミングで誕生した知的生命が誕生し、今現在も文明を維持していたら、私たちよりももっと高度な文明を持っている可能性もあるでしょう。もしそのような文明がたくさんあれば、宇宙人とコンタクトする可能性ももっと高くなるのかもしれません。

それでは、「なぜ地球はそうならなかったのか」をもう一度振り返ってみましょう。天文学的に考えて一番わかりやすいのは、恐竜の絶滅の原因とも言われる巨大隕石の衝突があります。惑星ができたばかりの頃は、ある程度の頻度で大きな小惑星が隕石として降り注ぐ可能性があります。これは、物理的に巨大な破壊を地上にもたらしますから、そこに生きる生命にとっては壊滅的なダメージを負うことになります。実際、（隕石だけが原因ではないでしょうが）地球でも大量絶滅を少なくとも5回は経験しています。このように、生物種が大量に絶滅するようなイベントを複数回くぐり抜くような知的生命というものを、今のところ私たちは知りません。少なくとも、今の人類がその時に誕生していたら、たとえ種そのものを維持できたとしても、文明そのものに壊滅的なダメージを被ることになるでしょう。

ちなみに現在も、隕石の地球への衝突はよく起きていますが、恐竜が絶滅するような巨大隕石が落ちてくる確率は低いとされています。

ここでもう一つ考える必要があるのは、生物の進化についてです。現在の地球では、新種の生物が見つかることはあっても、未知の生命は誕生していません。もしかしたら誕生しているのかもしれませんが、少なくとも「新たに誕生した生命」として発見されたという報告がありません。これは、すでに私たちが知っている地球上の生態系が存在している中で、ごく原始的な新たな生命が誕生したとしても、おそらく他の生物のエサとなってすぐ絶滅してしまう、とも考えられます。そう考えると、恐竜が地球上を席巻していた時代に、人類が高度な文明を築き上げるため、安定した生存環境を維持するのは難しかったでしょう。

そのほかにも、スノーボールアースや酸素が大量に増えるといった地球上の環境の変化、地震・雷・台風など、原始的な生命にとってはこれらの天変地異は大きな脅威です。人類誕生の1分間がどこにくるべきなのかは、これらだけでは説明はできないかもしれませんが、少なくとも地球の環境がある程度安定してからというのは、どの惑星でも同じ条件ではないでしょうか。

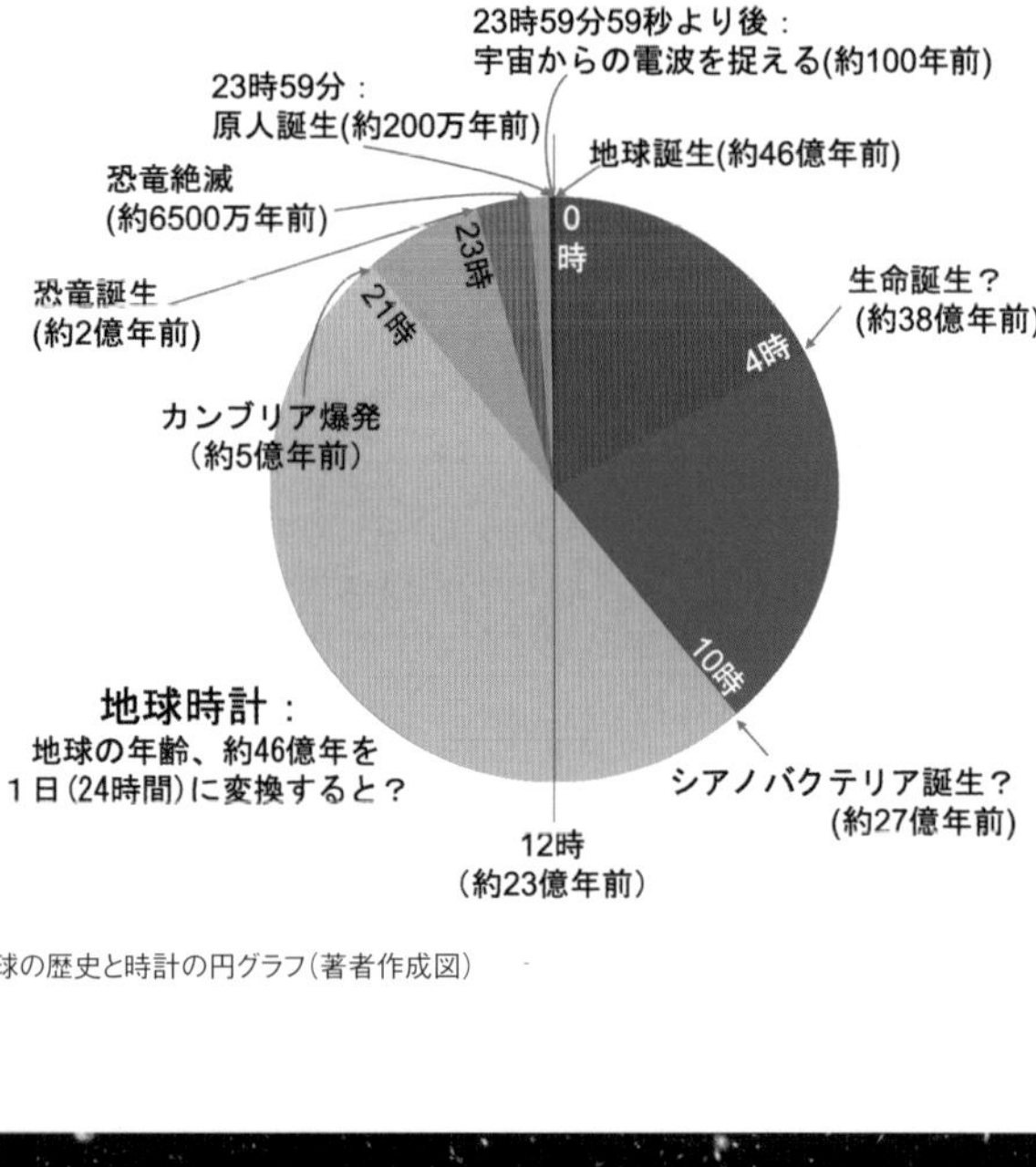

地球の歴史と時計の円グラフ(著者作成図)

人間原理

私たちは特別ではない。平凡原理

「コペルニクス的転回」という言葉を聞いたことはあるでしょうか。コペルニクスについては第1章でもご紹介しましたが、地球中心の世界観である天動説が主流だった中で、地動説を唱えたことで有名です。「コペルニクス的転回」とは、これまで考えられてきた考え方から、視点を変えて常識がひっくり返るようなことを示しています。初めてこの言葉を使ったのは、18世紀の哲学者であるカントと言われていますが、科学の歴史を哲学者が引用したわかりやすい例ではあります（科学が細分化される以前は哲学と天文学は似たように扱われることもあったと思いますが）。

このような比喩で使われる言葉ではありますが、これはさらに、「地球が特別で世界の中心」であった考え方を塗り替え、「私たち地球が特別ではない」という考え方につながっていきます。これは「コペルニクスの原理」や「平凡原理」などと呼ばれます。地球が中心ではなく、地球が回っている太陽も宇宙の中心ではなく、太陽自体もごく平凡な恒星の一つに過ぎないということを私たちは知っています。太陽系が存在する天の川銀河も幾千億とある銀河の一つに過ぎないことも知っています。ですから、宇宙が膨張していることを知ったときも、「全ての銀河が天の川銀河から遠ざかっている」と知った時も、「天の川銀河が中心」というふうには考えず、宇宙全体が膨張しているため、「見かけ上全ての銀河が我々から遠ざかるように見えているだけ」と理解します。このように、自分たちを平凡な宇宙の構成員の一つに過ぎないと認識することは、自然科学における根本的な原理、考え方になっています。SETIなどで宇宙人を探そうという計画も、そもそもは「地球に知的生命がいるのだから、ほかにもいるだろう」というような、自然科学の根本原理に根ざした計画でした。

私たちのいる宇宙は特別？ 人間原理

このような考え方は、今では基本的な考え方であり、「神」や「選民思想」などを用いず、世界の事象を科学的に捉えていくベースになっています。しかし科学が発達していくにつれ、それだけで片付けるには理解できないことがいくつも出てきました。物理学や宇宙論が発展していくに従い、今では世界に存在するいくつかの物理学における基本定数が知られています。万有引力定数（重力相互作用の大きさを表す定数）や光速度、電子の持っている電荷などがそれにあたります。これらがちょうどよい値だったから、分子レベルでの反応が可能になっています。宇宙が膨張していることや、宇宙がインフレーションしたことがわかると、また困ったことになってきました。インフレーションの勢いが今よりちょっと大きければ、ビッグバン元素合成で誕生するはずだった元素が作られず、ガスが集まって星を作る前に宇宙が広がってしまいます。そうなると生命どころか星も惑星もできない暗黒の宇宙空間になったかもしれません。

逆に、インフレーションの勢いが少し小さければ、ビッグバン元素合成で水素やヘリウムより重い元素も大量に作られ、太陽より重い巨大な恒星がたくさん誕生し、今のような惑星系は作りにくかったかもしれません。さらに宇宙膨張の勢いが弱くなるため宇宙自体が重力により収縮し、灼熱の宇宙の状態へ戻ってしまうかもしれません。そうなると、生命が進化に要した時間、宇宙が存在できたかも怪しくなってしまいます。これは、私たちのいる宇宙が特別だからでしょうか。言い換えれば、人間が存在できるように最適化されたパラメータを持つ宇宙に私たちは存在しているのでしょうか。

コペルニクスの原理（平凡原理）と対比して、「人間が観測できる宇宙にたまたまなっていた」というような考え方を「人間原理」といいます。人間原理には、いくつかのレベルがあるのですが、「人間がいない限り宇宙は観測されないから、宇宙が人間に適しているように存在している」というものから、激しいものでは「人間が認識するから宇宙が存在する」というものまであります。「人間が存在するから」という（偏った）条件は「我々は特別ではない」とするコペルニクスの原理とは違う点になります。あたかも調整されたような物理定数は、「神」という単語を使っていないだけで、そのような存在を肯定しているようにも見えてしまいます。「神」の存在については議論しませんが、最先端の宇宙論や量子論では、これらの考え方について1つの方向性を示してくれます。

我々の宇宙はインフレーションから誕生したと言われていますが、我々の宇宙以外にも他の宇宙が存在することも示唆されています。唯一の「ユニバース」であれば、調整され過ぎた物理定数は何かしらの存在を考えたくなりますが、無数の宇宙である「マルチバース」であれば、生命の誕生しない宇宙の存在も肯定することとなります。そう考えると、私たちは無数の宇宙の中で、生命が存在する可能性のある宇宙に誕生しただけということになります。これは、コペルニクスの原理としても整合性のある解釈です。

また、量子論的な考え方では、全ての可能性は存在しているという多世界解釈という考え方も存在します。多世界解釈については、ＳＦなどのモチーフにされることもありますが、なかなか理解するのが難しい解釈ではあります。一方で、マルチバースの考え方は、そのほかの自然科学で起きている現象とあまり変わらない解釈であり、「たまたま人類が存在しうる宇宙に我々が誕生した」というものは、わかりやすい考え方になります。

ただ、私たちがこの宇宙に存在していても、この宇宙が「生命にとって一番いい宇宙」なのかどうかはわかりません。もしかしたら、もっと生命に最適な物理定数を持つ宇宙が存在し、当たり前に宇宙人と交信しているような宇宙があるのかもしれません。今のところ、他の宇宙を検出することはできませんが、そんな宇宙があれば、宇宙人の探し方などぜひ聞いてみたいところです。

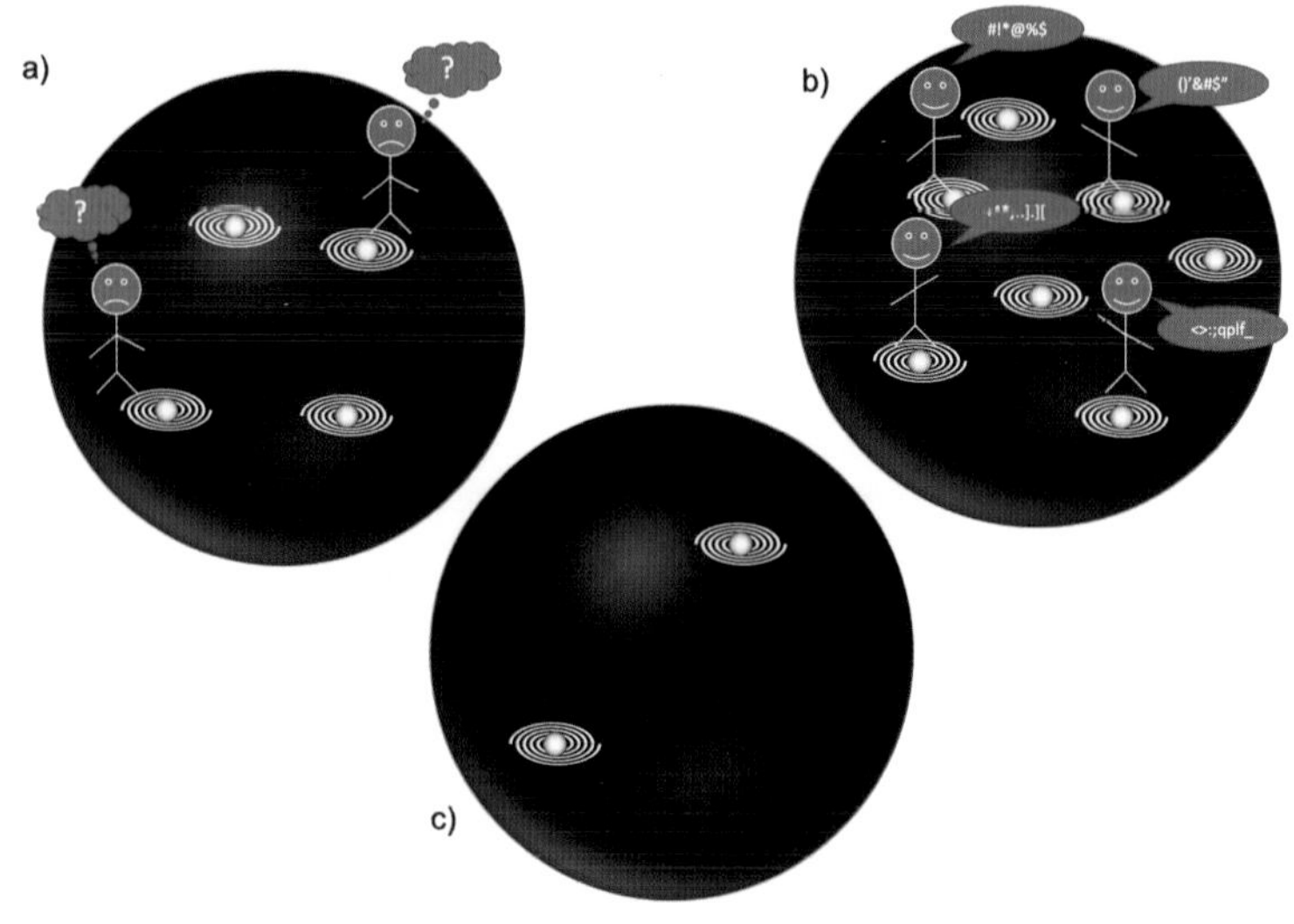

さまざまな宇宙と宇宙人の想像図。私たちはお互いの存在に気付き難い(a)の宇宙にいるのかもしれない。(b)は生命に最適な宇宙。(c)は生命に適さない宇宙(著者作成図)

宇宙の生命は地球と同じ？ 違う？

地球生命はまだ合成に成功していない

話を私たちの宇宙に戻しましょう。生命についてのもう1つの視点として、「地球で使っている21種のアミノ酸でなければいけないのか」といった研究をされている方もいます。どの辺りまでが必要不可欠なアミノ酸なのかという研究をしていくと、地球の生命で必ず必要なアミノ酸の組み合わせがわかってくることになりますが、「それでは、それと全く異なる組み合わせのアミノ酸で生命が誕生しないのか？」については、実際よくわかりません。もしかしたら、分子科学の分野では何かしらの可能性を考えている研究者もいるのかもしれませんが、少なくとも地球にいる生命もゼロから合成できない状況で、いきなり完全に異なる組み合わせで再現しようという人はあまりいないと思います。

むしろ考え方は逆で、地球の生命を組み立てる上での必須な構成要素や組み立て方がきちんと分かれば、別のパーツで組み上げることが可能なのかを調べる大事な要素になります。これは生命の定義にも近い側面をもちますが、全く異なる生命を考える上で、私たちの生命を本質的に理解することがその第一歩となることは確かでしょう。

宇宙人は人間と似ているかもしれない

これは、ほぼ個人的な印象でしかないのですが、地球外の生命体と地球生命は、姿形は多少違っていても、本質的なシステムにあまり大きな違いはないのではないかと思っています。確かに、キラリティーが反対のアミノ酸でできた生命がいた場合、食べ物を共有することはできないかもしれませんが、生物としてのシステムはそこまで変わらないような気がしています。

地球上だけでも数えきれない種の生物があり、それぞれがそれぞれの環境で生き残ったり絶滅したりしています。そのため、あまりびっくりする様な宇宙人というのはいないのではないかと、個人的には思っています。これは、ちょっとつまらない予想かもしれませんが、逆に言うと理解可能な生物が宇宙に溢れているんではないかという予想でもあります。「我々は宇宙に1人ぼっちではない」ということがわかれば、なんとなく嬉しい気持ちにもなりますね。

もし私たちが想像もできないような全く異なる生命がいた場合はどうなるでしょう。その場合、まずは単純に発見が遅れます。たとえそのシグナルを捉えたとしても、生命として認識できないので、宇宙人を見つけたと思えないでしょう。ただ、それが生命だと気づいた後は、私たちの生命に対する無知を突きつけられることになり、さらに研究する幅が大きく広がることになります。これはこれで、SF的ではあるものの、ワクワクする予想ではあります。

ニュートンの名言と言われるものの中に、「私は、海辺で遊んでいる少年にすぎない。時折、普通のものより滑らかな小石やかわいい貝殻を見つけて夢中になっている。心理の海は全てが未発見のまま目の前に広がっているというのに」という言葉があります。私たちは綺麗な地球という小石を見つけワクワクしています。

そして次々と新たな小石を見つけ、それがありふれたものということを知っています。ただし、生命については、手の中にある小石でしか知ることができません。未知の大海原が眼前に広がっているのかすら知りません。まずは、この手の中にある小石から手がかりを探していくことにしましょうか。

宇宙人とコミュニケーションはどうするの？

宇宙人を「真似る」

将来、どの様な存在であれ、宇宙人とコンタクトができた場合、意思の疎通はできるのでしょうか。物理学や生物学とはまた違ったアプローチとして、「宇宙人類学」という分野の研究をされている方もいます。

物理や数学、生物学から一気に「人類学」というとだいぶ遠い印象がありますが、「天文学」自体はそもそも人類の歴史や文化のなかで、さまざまな場面で登場するため、比較的相性がよいという側面もあります。たまに、「天〝文学〟（てん〝ぶんがく〟）」という言い方をして「明月記」の話をする……というおしゃれ(?)な人もいるくらいです。このように、わりと何とでも相性が良さそうな天文学ですが、人類学との共通点というと、やはり宇宙人ということなのでしょう。ただ、もちろん具体的な宇宙人を想定したコンタクトについてというよりは、『究極の他者』としての宇宙人を想定しているようです。

人間同士であっても産まれたばかりの赤ちゃんはいきなり言葉を話しません。最初はどうやってコミュニケーションを取っていたのでしょうか。ほとんどの人は生まれたばかりの記憶がありません。遺伝子の中には、残念ながら「日本語や英語の単語や文法体系が遺伝子に記録されていて生まれたらすぐ会話ができる」なんて情報はありません。私たちは産まれた後に言語を習得しています。では、同じ惑星の出身でなかったとしても、コミュニケーションは可能なのでしょうか？

このようなことを、「究極の他者である宇宙人」として想定し、考えることができます。ここではまず、「どこかで宇宙人と直接会えた場合」というところから考え始めてみましょう。いろいろ飛躍していますが、あくまで思考実験ということで考えてみます。1つの可能性としては、「学ぶ」の語源とも言われる「真似ぶ（まねぶ）」というところから、相手の動きなどを真似ていくことが考えられます。そして、「お互いに共通のルールを作る」ということがコミュニケーションをとる糸口になるかもしれません。例えば、「家族だけのルール」や「恋人同士でしか理解できないルールや表現」などというものが近いものでしょうか。うっかりした行動で険悪になるかもしれず、かなり難しそうではありますが、確かに最初はそういった方法が必要なのでしょう。

むやみに宇宙へメッセージを送っていいのか

私たちが宇宙人とのコミュニケーションを考える場合、「宇宙人からのメッセージをどうやって捉えるか」「生命がいそうな惑星にどういうメッセージを送る（もしくは送らない）べきか」がまず最初に必要なことになります。

端的に言って宇宙人とのコンタクトを検討した場合、「隣人（宇宙人）が優しい人だとなぜわかる」という議論がどうしても出てきてしまいます。私たちの位置を教えることが、極端にいえば地球滅亡にかかわるのではないかという考え方です。SFでよく描かれるように地球を侵略しようとするエイリアンが「自分の星が滅亡しそうなので地球を征服に来た」などというプロットは定番ですらあります。

地球上でも、遠い未来（ならまだいいのですが）、このまま資源を使い果たし、別の住みやすい惑星への移住を考えたとき、そこに生命がいたら、地球の人類はどうするのでしょうか。地球上でも、新しい土地を見つけては侵略・征服してきた歴史を考えると、あまりろくなことにならないような気もします。ですから、宇宙人がいたとしてもコンタクトを取るべきではないと考える研究者もいます。

一方で、向こうから地球を見つけてコンタクトを取ってくるような科学技術を確立している文明があるなら、人類が経験してきたような問題は克服しているはずなので、率先してコンタクトを取り、教えを乞うべきと考える研究者もいます。どちらか正解なのか、もちろん答えはありません。もし地球の人類が、星間移住が可能なレベルまで科学を発展させることができたなら、そこまで持続可能な社会を構築できたのであれば、その時に答えがでるのかもしれません。願わくは、単純に征服や侵略と言った安易な手段を選ばない文明であってほしいですが。

そう考えると、どうやってコミュニケーションを取るのかは重要な問題ではあるのですが、宇宙人とのコミュニケーションを考える以前に、地球の中でのコミュニケーションをきちんと取って、安全で持続可能な社会を構築していくことの方が先のようです。そうでないと、宇宙人が私たちを見つけたとしても、怖くて話しかけてもらえないでしょうね。

ザ・ブルー・マーブル。宇宙から撮ったこの全球の地球を見て、私たちは宇宙の一員と認識するきっかけになりました　© NASA

結局、宇宙人っているの？　いないの？

宇宙人がいてもコンタクトをとるのは難しい

最終的にやはり気になるところと言えば、「結局いるの？　いないの？」というところでしょう。ここまで長い長い天文学の研究の歴史や膨大な観察や実験の結果など、様々な側面から宇宙における生命についての研究や考察をご紹介してきました。しかし結論としては「まだわからない」というところです。天文学者の中では、期待をこめて9割くらいの人が「いるだろう」と思っているかもしれませんが、科学的な証拠を持って「いる」とか「いない」とか言える状況ではありません。

また、生物学的な側面から確率を純粋に検討して、星の数と生物が誕生する確率を比較すると、生物の誕生の確率を桁で低く見積もる研究者もいるため、やはり宇宙に生命は私たちだけと考える人もいます。また、天文学者の中でも、このような確率の計算の積み上げから生命がいるのは地球だけであってもおかしくないという人もいます。その方の主張としては、「私たちが見ることができる範囲の宇宙には、私たちだけ」ということなので、同じ宇宙でも、光速より速い速度で遠ざかり、私たちとコンタクトを取ることができない範囲まで含めれば、「いるかもしれない」とも言っています。ついでに言ってしまえば、マルチバースの考え方で他の宇宙まで含めると、私たち以外に生命がいないと思う方が難しいかもしれません。しかし、これらはどれも、私たちとコンタクトを取ることが不可能な宇宙人たちです。これらについて想像することは、楽しいことではありますが、少なくとも現在の技術で存在を確認することはできません。

宇宙人に会うために、今できること

それでは、今の私たちにできることはなんでしょうか。アストロバイオロジーという宇宙における生命の研究という側面でまずは考えてみましょう。地球の生命の起源を探ることは、今のところ、我々の知る唯一の生命のサンプルとして重要なテーマです。また、太陽系内探査も、実際に探査に行ける地球外生命探査という意味で重要です。それと同時に、何を見つけたら生命の兆候（バイオシグニチャー）として、生命がいると判断するのかを生物学と天文学などで学際的な研究を進めることが重要です。さらに並行して、これまでやってきたような系外惑星探査をさらに進め、様々な特徴の惑星を分類していくことが必要でしょう。私の所属している自然科学研究機構アストロバイオロジーセンターでは、バイオシグニチャーの研究や、そのバイオシグニチャーを検出するための装置開発、それを用いた系外惑星探査を行なっており、さらにそこで見つかった新たな兆候がバイオシグニチャーとなりうるかといった、分野の枠を超えた繋がりを持った学際的な研究を進めています。同じ一つの部屋の中で、天文学者と生物学者が本気で系外惑星の大気やそこに与える生物の影響、地球からの観測可能性などを議論している現場にいると、学際的な研究機関にいるという実感があります。

アストロバイオロジーとしては、このようにしてこれまでの「地球生物学」から脱却した「普遍的な生物学」を創設することが一つの大きなテーマになるのでしょう。また、もう一つの大きな可能性として、「生命とはなにか？」という大きな問いに科学的に答える可能性を秘めています。一個人としての立場としては、宇宙において生命が普遍的な存在なのかどうか、という点が最も知りたいところではあります。

真の「宇宙人類」となるために

　そのような未来を迎えるために、今必要とされているのは、やはり昨今よく耳にする「持続可能な社会」の構築かと思います。地球の気候変動が叫ばれ、毎年どこかで異常気象という単語を聞き、「異例の」暑さ・大雨などはそれこそ慣れてしまった感じすらあります。現在の気候変動を地球の歴史全体で見れば、マグマの海を持ったり、丸ごと凍ってしまったり、時々巨大な隕石が衝突したりを経てきたのですから、現在の異常気象の1つ1つはあまり大きなものではないかもしれません。しかし、それは地球の46億年の中で経験してきた変化の中で見た場合の話です。現在の気候変動は人類が誕生したあと、しかも人類が科学を手に入れたあとで考えると、この前に紹介した24時間を地球の時間に換算して1秒以下というごくわずかな瞬間に起きた人類による変動です。このまま単純計算をすると、そう遠くない未来に地球が人に適さない環境になるという試算もあるくらいなので、「持続可能な社会」にするため、様々なことを地球規模の視野をもって考え、進めていくことが必要かと思います。

　少し重い話になっていますが、そのような「持続可能な社会」を構築することで、宇宙人と遭遇する可能性が上がるということも事実です。第3章でご紹介したドレイクの方程式のなかにあったパラメータの一つで、「宇宙と交信できる文明を維持できる年数」というものがあり、人類が文明を維持し続けるだけで宇宙人と交信できる可能性が上がる計算になります。地球が安全で持続可能な社会を維持し続けることは、宇宙人にとっても「ここは友人になれる惑星」と思ってもらう上でも重要ではないでしょうか。安易に居場所を知らせて、「こんな危険な文明は滅したほうが宇宙のため」とか思われないように、科学的な知見をもち、それに基づいた持続可能な社会を維持するのは重要なポイントだと思います。

　万一、宇宙人からの攻撃を受けた場合には、私たちの身を守れるくらいの科学力がないと生き残れないということはあるかもしれません。一方で、地球が宇宙人を発見して侵略するようなことがあれば、宇宙の生命の多様性を自らの手で潰していくことになります。「強くなければ生きていけない、優しくなければ生きていく資格がない」と言ったのは、レイモンド・チャンドラーの小説「プレイバック」の主人公・私立探偵フィリップ・マーロウですが、宇宙的に見てもなかなか含蓄のある言葉に聞こえます。

もう一つ、最近の研究で少し面白い結果があります。人類の進化史をみると、今の人類はヒト属唯一の種であるホモ・サピエンス（ラテン語で「賢い人間」の意）ですが、かつては他にもいくつかの人類が存在しました。そうなると、「私たちホモ・サピエンスが最も賢く、最も技術に優れていたから最も繁栄した」というような解釈になりがちですが、どうやらそうとも限らないという研究結果があるのです。同じヒト属ではありますが、ネアンデルタール人の方が、ホモ・サピエンスより筋肉量が多く、武器も使い、氷河期に様々な大型哺乳類を狩っていたようです。また、言語を用いるのに必要な遺伝子もあるらしく、ある程度文化もあったようです。単純に考えれば、武器や文化が同じくらいなら、屈強な方が生き残りそうなのに、なぜホモ・サピエンスが生き残ったのでしょうか。

ホモ・サピエンスが他のヒト属より最も優れていたのが、「やさしさ」だったらしいのです。「協力的コミュニケーションが得意な友好的な種」ということのようです。

人類は、歴史的に見るといろいろ残酷なこともしてきた種ではありますが、本質的には「友好的な種」なのかもしれません。強いだけでは生き残れず、マーロウの言葉をかりると「やさしくなければ生き残れない」と言ったところでしょうか。私たち地球の人類が、宇宙における生命の一つと捉えて、隣人を受け入れることができた時、私たちも本当の「宇宙人類」となるのかもしれませんね。

宇宙で迷子になったら

スマートフォン（以下、スマホ）などで自分の位置を確認しやすくなったとはいえ、道に迷うことは割と身近なことです。むしろスマホがあるせいで、事前にきちんと地図でルートを確認するという作業が少なくなっているかもしれません。個人的にも、以前より待ち合わせが雑になった印象があります。道に迷ったとしても、地図が読める人はスマホで自分の位置を確認し、目的地までいくことができるでしょう。それがなくても、街の地図板や周りの風景が見知ったものであれば、なんとか軌道を修正できるかもしれません。待ち合わせには不向きですが、山の中でも方位磁針などで方角はわかるでしょう。それもなくても、昼間は太陽と時間がわかれば大体の方角はわかりますし、夜は北極星が北を示し、その高度は自分の緯度を教えてくれます。

昔の人にとって、地図を作ることそのものが一大事業で、日本でも江戸時代の伊能忠敬による17年をかけた日本地図の作成は日本の国土の正確な姿を明らかにした大きな仕事でした。陸があればまだ「歩く」という基本的な手段を極めれば位置を測ることができるかもしれませんが、海ではどうでしょう。大昔、ポリネシアの人たちは、カヌーで島と島を移動する際、星空を基準とし「スターコンパス」と呼ばれる方法で海を渡っていました。そこでは、星ぼしに島を結びつけるというような航海方法だったそうです。

地球上では、どこであれ何かしらの方法で、自分の位置、少なくとも方角を知る術はありそうです。それでは、遠い未来、宇宙旅行ができる時代ではどうでしょう。

太陽系の中であれば、一番明るい恒星が太陽であることがすぐわかります。ケプラーの法則から、太陽に近い惑星の公転速度は速く、数日もあれば太陽から3番目に近い惑星である地球がどれなのか、わかるかもしれません。それでは調子に乗って太陽系をちょっと出てみましょう。太陽系の中からは、星座の形はほとんど変わりませんが、太陽系を出て隣の星まで行ってしまうと話は別です。隣の星であるケンタウルス座のアルファ星は、その名の通りケンタウルル座の一部なので、星座の形が変わって見てしまいます。さらに遠ざかってしまうと、無数の恒星のなか、太陽がどの星かを見極めるのが難しくなって、たやすく迷子になってしまうことでしょう。

そんな時のため……というわけではないですが、天文学者は銀河系の地図も精力的に作っています。前の章でご紹介した位置天文衛星GAIAなどもその一つです。しかし、それでも私たちのいる天の川銀河の全ての星の位置と距離を正確に記述できているわけではありません。

もし、私たちが天の川銀河の中で正確に知らない星たちの場所まで来てしまったらどうしたらいいのでしょうか。安心してください。そんな時のための目印も、私たちはすでに手に入れています。これまで何度か登場してきた「パルサー」という天体がそのヒントです。この天体は、当初は宇宙人からの信号かと間違えられるくらい周期的な信号を出す中性子星という天体ですが、そのパルサーの信号の周期と位置を私たちは知っています。これらの特徴的な天体のうち、数個の位置が特定できれば、私たちの太陽系の位置が、三角測量の要領で導くことができます。この地図さえあれば、無事に地球に帰ってこられるので安心です。

「そんなこと言ってもそんな地図を持ち歩くなんて……」と思っているあなた、「いや、どれがどのパルサーかなんてわからん」と思っているあなた、そんなあなたにぴったりなアイテムがあります。それが『銀河系で迷子になりそうな貴女のためのタイツ』で、本当に販売されています。前にご紹介したパイオニア探査機に搭載された金属板をモチーフに、パルサーの位置と、太陽系第3惑星である地球の位置がプリントされており、言葉が通じなくても親切な宇宙人と遭遇できれば帰ってくることができます（そんな宇宙人に遭遇するのがそもそも無理とか、野暮なことはここでは言わない）。これこそ真のユニバーサル時代にぴったりなアイテムと言えるでしょう。ポリエステル91％、ポリウレタン9％、「恒星物質リサイクル100％」のこのタイツ、宇宙旅行へお出かけの際は、忘れずに是非お持ちください（残念ながら男性サイズのものはありません）。

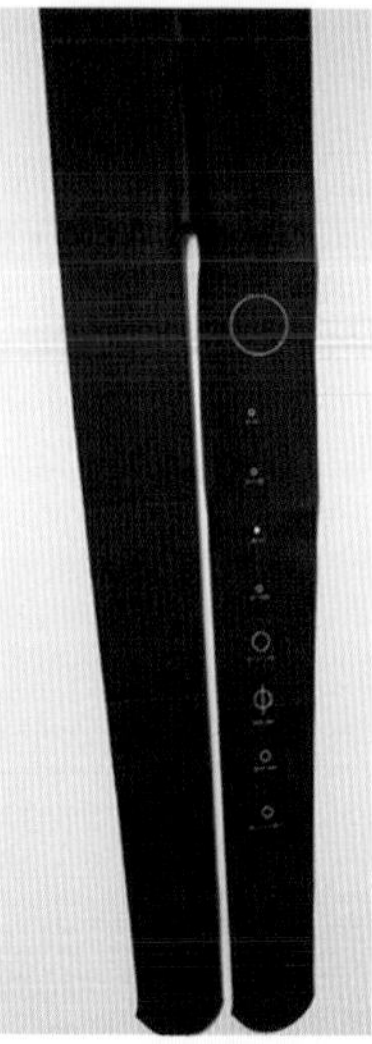

タイツ表：太陽系の配置、3番目が地球
© tenpla project

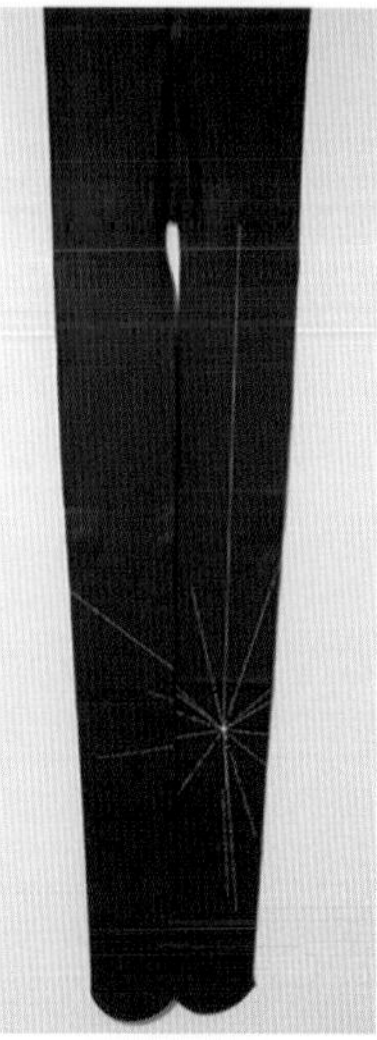

タイツ裏、パルサーの位置、中心が太陽系
© tenpla project

1. 天の川銀河の中で迷子になったらどうしよう!?

2. 親切な宇宙人を見つけてパルサーの位置から太陽系を探して連れて行ってもらいましょう

3. 太陽系まできたら太陽系第3惑星である地球の位置を伝えます

4. あとは宇宙船で地球に連れて行ってもらいましょう
© tenpla project

おわりに

「日下部くん。本書いてみない？」という渡部潤一先生からの一言からこの本の執筆が始まりました。一人で一般書を書くということは初めてだったため、文章が読みにくい点があればご容赦ください。当初、この本のタイトルが「新説　宇宙人学」というタイトルで提案されましたが、最終的に「新説　宇宙生命学」となりました。「宇宙生物学」ではなくあえて「宇宙生〝命〟学」としたのは、今のアストロバイオロジーの分野には宇宙観のような文化的側面の研究はないためです。

このような神話・生命・宇宙という観点で本を書くと、研究者の中では「こいつはもう研究から手を引いたのかな」と思われることもあります。ただし、太陽系外惑星の発見が相次ぎ、どうやら地球のような惑星もありそうだということがわかってきた今、宇宙と生命というテーマは、第一線を退いた研究者の夢物語ではなく、今まさに研究を進めるテーマになってきたといえます。地球外の知的生命にも、人類が宇宙を捉えてきたアナロジーとして考えることができるかもと思い、人類の宇宙観と関連してご紹介しました。

東日本大震災から10年が経ち、COVID-19なども落ち着かない世の中ではありますが、夜空を見上げ、遠くにいるかもしれない生命に想いを馳せ、未来に希望が持てる一助になれば幸いです。

この本を執筆するきっかけをいただいた渡部潤一先生、監修いただいた田村元秀センター長、助言をいただいた堀安範さん、小杉真貴子さん、初めての執筆を完成まで導いてくれた小室聡さんを始め編集やイラストレータの皆様に厚く御礼申し上げます。また、様々な知見をご教授いただいた故・海部宣男先生を始め、アジアの星プロジェクトの皆様に感謝いたします。最後に、隠に陽に私をサポートしてくれた妻であり研究者である川越至桜氏にも感謝いたします。

参考文献（一部抜粋）

●岡村定矩 ほか（編）『シリーズ現代の天文学』第3,4,7,8,9巻. 日本評論社. 2007,2008,2009,2018,2019

●山岸明彦（著）『アストロバイオロジー　宇宙に生命の起源を求めて』化学同人. 2013. 『アストロバイオロジー　地球外生命の可能性』 丸善. 2016

●井田茂（著）『スーパーアース』PHP研究所.2011.『異形の惑星』NHK出版.2003

●成田憲保（著）.『地球は特別な惑星か?』. 講談社. 2020

●山岸明彦・高井研（著）『対論!生命誕生の謎』. 集英社. 2019

●阿部豊（著）『生命の星の条件を探る』.文藝春秋.2015

●井田茂・田村元秀・生駒大洋・関根康人（編）『系外惑星の辞典』.朝倉書店. 2016

●宇宙科学研究倶楽部（編）『宇宙開発がまるごとわかる本』. Gakken. 2013

●湯川秀樹（著）『宇宙と人間 七つのなぞ』. 河出文庫. 2014

●宇宙図製作委員会（著）『宇宙図 宇宙が生まれてから、あなたが生まれるまで』. 宝島社. 2018

●小阪潤・片桐暁（著）・佐藤勝彦（監修）『宇宙に恋する10のレッスン』.東京書籍. 2010

●スティーブン・ホーキング（著）・青木薫（翻訳）『ビッグ・クエスチョン』.NHK出版. 2019

●立花隆・佐藤勝彦（著）ほか『地球外生命9の論点』. 講談社. 2012

●海部宣男（監修）ほか『アジアの星物語』. 万葉舎. 2014

●海部宣男（著）『宇宙をうたう』中公新書. 1999,『宇宙史の中の人間』講談社. 2003

●園池公毅（著）『トコトンやさしい光合成の本』. 日刊工業新聞社. 2012

●吉田敦彦（監修）『眠れなくなるほど面白い 古事記』日本文芸社. 2018

●松村一男（著）『はじめてのギリシア神話』.ちくまプリマー新書. 2019

●平山廉（著）『新説 恐竜学』.カンゼン.2019

●土屋健（著）『面白くて奇妙な古生物たち』. カンゼン. 2019

田村元秀（たむら・もとひで）

東京大学大学院教授、アストロバイオロジーセンター長（国立天文台 併任）。1988年京都大学理学研究科博士課程修了。理学博士。米国国立光学天文台研究員、NASAジェット推進研究所研究員、国立天文台助手、同准教授を経て、2013年および2015年よりそれぞれ現職。専門は、系外惑星天文学、星・惑星形成、赤外線天文学。日本天文学会林忠四郎賞、東レ科学技術賞などを受賞。著書に『太陽系外惑星』（日本評論社、2015年）、『第二の地球を探せ!』（光文社、2014年）、『アストロバイオロジー』（共著、化学同人、2013年）などがある。

日下部展彦（くさかべ・のぶひこ）

アストロバイオロジーセンター特任専門員（国立天文台 併任）。2005年東京学芸大学教育学研究科修了。修士（教育学）。2008年総合研究大学院大学物理科学研究科修了。博士（理学）。国立天文台特任研究員、東京大学研究員などを経て、2015年より現職。専門は星・惑星形成、系外惑星、アストロバイオロジー、科学コミュニケーション。著書に『一家に一枚 宇宙図』（共著、科学技術広報財団, 2007, 2013, 2018）、『太陽系図』（共著、科学技術広報財団, 2014）『宇宙図　宇宙が生まれてからあなたが生まれるまで』（共著、宝島社, 2018）などがある。

本文・カバーデザイン　bookwall
カバー・本文イラスト　木下真一郎
DTPオペレーション・図版　松浦竜矢
編集協力　渡邊雄一郎(グループONES)
編集　小室聡(株式会社カンゼン)
本文背景画像　NASA/ESA/S. Beckwith(STScI)and The HUDF Team
宇宙コラム・解説コラム背景画像　adobe stock
帯写真画像　©JAXA

【掲載写真に関して】

以下に記す写真はWikipediaが定めるパブリックドメインの規定に則り使用しております。これら写真は著作者の死亡した日の属する年の翌年から起算して50年を経過したものであるため、日本の著作権法第51条及び第57条の規定により著作権の保護期間が満了しており、知的財産権が発生していない又は消滅しているパブリックドメインとなります。ウィキペディア財団の公式な見解では「パブリックドメインにある平面的な作品の忠実な複製はパブリックドメインであり、パブリックドメインではないと主張することはパブリックドメインの概念そのものへの攻撃に当たる」とされております。また、平面的な美術の著作物を写真術によって忠実に複製したものは撮影者による「著作物」として扱われず「複製物」として扱われます。そのため使用している写真は「複製物」として扱われるため、絵画同様、パブリックドメインとみなされます。

「四分儀」ライセンス:パブリックドメイン、「六分儀」ライセンス:パブリックドメイン、「ハーシェルの焦点距離　40フィート望遠鏡」ライセンス:パブリックドメイン、「ヤーキス天文台の102㎝　屈折望遠鏡」ライセンス:パブリックドメイン、「アレシボ天文台305m電波望遠鏡」ライセンス:パブリックドメイン、「ゴルディロックスと3匹のクマ」ライセンス:パブリックドメイン

新説 宇宙生命学

発行日　2021年3月6日　初版

監　修　田村元秀
著　者　日下部展彦
発行人　坪井義哉
発行所　株式会社カンゼン
〒101-0021 東京都千代田区外神田2-7-1 開花ビル
TEL 03(5295)7723　　FAX 03(5295)7725
http://www.kanzen.jp/
郵便為替 00150-7-130339
印刷・製本　株式会社シナノ

ISBN 978-4-86255-558-8　Printed in Japan
定価はカバーに表示してあります。

ご意見、ご感想に関しましては、kanso@kanzen.jpまでEメールにてお寄せ下さい。お待ちしております。